Training Note トレーニングノートβ 数学Ⅰ

はじめに

数学の勉強をする際に，公式や解き方を丸暗記してしまう人がいます。しかし，そのような方法では，すぐに忘れてしまい，また，応用がききません。問題演習を重ねれば，公式やその活用方法は自然と身につくものですが，応用力をつけるためには，ただ漫然と問題を解くのではなく，それぞれの問題の特徴を読み取り，じっくりと考えながら解いていくことが大切です。解法も１つとは限りません。よりエレガントな解法を目指してください。

本書は，レベルを標準から大学入試に設定し，応用力をつけるために必要な問題を精選しています。また，直接書き込みながら勉強できるように，余白を十分にとっていますので，ノートは不要です。

POINTSでは，押さえておくべき公式や重要事項をまとめています。Checkでは，どのように考えるのかをアドバイスしています。さらに，解答・解説では，図などを使って詳しい解き方を示していますので，自学自習に最適です。

皆さんが本書を最大限に活用して，数学の理解が進むことを心から願っています。

目　次

1　整式の加減

解答▸別冊 p.2

POINTS

1　整式の加法と除法

整式の加減では，分配法則を用いて同類項をまとめ，**降べきの順**(あるいは**昇べきの順**)に整理する。

1　$A=x^2+8xy-6y^2$，$B=3x^2+7y^2$，$C=5xy-2y^2$ のとき，次の計算をせよ。

□(1)　$A+B-C$

□(2)　$A-2(B+3C)$

□(3)　$2(A-C)+4(A+C)$

□(4)　$3(A-B)-2\{B-(3C-2A)\}$

Check　**1**　(1) 同類項をまとめる。　(2) かっこをはずす。
(3)(4) かっこをはずして式を整理してから，代入する。

□ **2** $A=3x^2-4x+1$, $B=-4x^2+3$, $C=2x^2+5x-7$ とするとき,
$3(A-2B)+4(B-C)+2(C-2A)=x^2+\boxed{}x+\boxed{}$ である。 〔武蔵大〕

□ **3** 式 A に 式 $B=2x^2-2xy+y^2$ をたすところを，うっかり式 B をひいてしまったので，間違った結果 x^2+xy+y^2 を得た。正しく計算した場合の結果を求めよ。

〔大阪経済大〕

□ **4** x についての整式 A, B が, $2A+B=4x^3+7x^2+4x-1$,
$A-B=-x^3-4x^2+5x+1$ を満たすとき，2つの整式 A, B を求めよ。

Check
2 与えられた式を整理してから, A, B, C に代入する。
3 $A-B=x^2+xy+y^2$ より, $A=x^2+xy+y^2+B$ である。
4 A, B についての連立方程式を解く要領で, A, B を求める。

2 整式の乗法

解答 ▸ 別冊 p.2

POINTS

1 乗法公式（I）

①$(a+b)^2=a^2+2ab+b^2$,　$(a-b)^2=a^2-2ab+b^2$

②$(a+b)(a-b)=a^2-b^2$

③$(x+a)(x+b)=x^2+(a+b)x+ab$,　$(ax+b)(cx+d)=acx^2+(ad+bc)x+bd$

④$(a+b+c)^2=a^2+b^2+c^2+2ab+2bc+2ca$

2 乗法公式（II）（発展）

①$(a+b)^3=a^3+3a^2b+3ab^2+b^3$,　$(a-b)^3=a^3-3a^2b+3ab^2-b^3$

②$(a+b)(a^2-ab+b^2)=a^3+b^3$,　$(a-b)(a^2+ab+b^2)=a^3-b^3$

5 次の式を展開せよ。

□(1) $(3x+2y)(3x+5y)$

□(2) $(3a-1)^3$

□(3) $(2x-1)(4x^2+2x+1)$

□(4) $(x-2y+1)^2$

□(5) $(x-2)^2(x+2)^2(x^2+4)^2$

Check | **5** 乗法公式を適用する。 (5) $(x-2)^2(x+2)^2=\{(x-2)(x+2)\}^2$ であることを利用する。

6 次の式を展開せよ。

□(1) $(a-b-1)(a+b+1)$

□(2) $(x+2)(x-5)(x-3)(x+4)$

□(3) $(x^2+3x+2)(x^2-3x+2)$ 〔千葉工業大〕

□ **7** $\left(ax^2+bx+\dfrac{a+b}{x}\right)^2$ の展開式において，x^3 の項の係数が $-\dfrac{1}{2}$，定数項が $\dfrac{8}{9}$ のとき，a，b の値を求めよ。ただし，$a>0$ とする。

Check | **6** (1) $(a-b-1)=\{a-(b+1)\}$ として，乗法公式を利用する。
(2) かける順序を工夫し，$x^2-x=A$ とおく。 (3) $x^2+2=A$ とおく。
7 $(a+b+c)^2$ の乗法公式を利用する。

3 因数分解 ①

解答 ▸ 別冊 p.3

POINTS

1 因数分解の公式（I）

①$a^2+2ab+b^2=(a+b)^2$,　$a^2-2ab+b^2=(a-b)^2$

②$a^2-b^2=(a+b)(a-b)$

③$x^2+(a+b)x+ab=(x+a)(x+b)$

　$acx^2+(ad+bc)x+bd=(ax+b)(cx+d)$

④$a^2+b^2+c^2+2ab+2bc+2ca=(a+b+c)^2$

<たすきがけ>

a　b ⟶ bc
c　d ⟶ ad
ac　bd　$bc+ad$

2 因数分解の公式（II） 発展

①$a^3+b^3=(a+b)(a^2-ab+b^2)$,　$a^3-b^3=(a-b)(a^2+ab+b^2)$

②$a^3+3a^2b+3ab^2+b^3=(a+b)^3$,　$a^3-3a^2b+3ab^2-b^3=(a-b)^3$

8 次の式を因数分解せよ。

□(1)　$(x^2-2x)^2-11(x^2-2x)+24$　〔京都産業大〕

□(2)　$(x^2+2x-30)(x^2+2x-8)-135$　〔北海学園大〕

Check | **8** (1) $x^2-2x=t$, (2) $x^2+2x=t$ とおいて，因数分解の公式を利用する。

9 次の式を因数分解せよ。

□(1) $2x^2+7xy+6y^2$

□(2) $abx^2-(a^2+b^2)x+ab$

□(3) $x^2+2xy+y^2+2x+2y-8$ 〔広島修道大〕

□(4) $2x^2+5xy+3y^2-3x-5y-2$ 〔京都産業大〕

Check | **9** (3)(4) x について式を整理してから，たすきがけを考える。

4 因数分解 ②

解答 ▸ 別冊 p.3

POINTS

1 複雑な式の因数分解

①共通な式や整式の一部を，1つの文字でおきかえる。

②最も次数の低い文字について，式を整理する。

③項の組み合わせを工夫して，共通因数をつくり出す。

10 次の式を因数分解せよ。

□(1) $(x-4)(x-2)(x+1)(x+3)+24$ 〔東洋大〕

□(2) $a(b^2-c^2)+b(c^2-a^2)+c(a^2-b^2)$ 〔龍谷大〕

□(3) x^4+4 〔中京大〕

Check | **10** (1) かけ算の組み合わせを工夫する。 (2) 最も次数の低い文字について整理する。
(3) (与式)$=(x^4+4x^2+4)-4x^2$ と変形する。

11 a, b, c を相異なる実数とする。 〔横浜市立大〕

□(1) $a^3b-ab^3+b^3c-bc^3+c^3a-ca^3$ を因数分解すると,
$(a-b)(a-c)(b-c)\times$ ① となる。

□(2) $\dfrac{a^3}{(a-b)(a-c)}+\dfrac{b^3}{(b-c)(b-a)}+\dfrac{c^3}{(c-a)(c-b)}$ を計算すると, ② となる。

12 次の問いに答えよ。

□(1) $a^3+b^3=(a+b)^3-3ab(a+b)$ を利用して, $x^3+y^3+z^3-3xyz$ を因数分解せよ。

□(2) (1)の結果を利用して, $1+8t^3+27s^3-18st$ を因数分解せよ。

Check | **11** a, b, c とも次数が同じだから, どれか1つの文字について式を整理する。

12 (1) (与式)$=(x+y)^3-3xy(x+y)+z^3-3xyz=(x+y)^3+z^3-3xy(x+y+z)$ と変形して考える。

第1章 第2章 第3章 第4章 第5章

5 実 数

解答 ▸ 別冊 p.4

POINTS

1 実数の性質

a, b が実数のとき，$\boldsymbol{a^2+b^2=0}$ ならば $\boldsymbol{a=b=0}$

2 絶対値

a の絶対値を，記号を用いて $|\boldsymbol{a}|$ で表す。

$a \geqq 0$ のとき $|\boldsymbol{a}|=\boldsymbol{a}$,　$a<0$ のとき $|\boldsymbol{a}|=-\boldsymbol{a}$

13 次の主張は正しいか否かを答え，正しいものはその理由を述べ，正しくないものには反例をあげよ。

□(1) a, b, c, d が実数であるとき，$a+b\sqrt{5}=c+d\sqrt{5}$ ならば，$a=c$ かつ $b=d$ である。

□(2) 有理数と有理数の和は，有理数である。

□(3) 無理数と無理数の積は，無理数である。

Check | **13** (2) 2つの有理数を $\dfrac{b}{a}$, $\dfrac{d}{c}$ として考える。

□ **14** 循環小数 $1.\dot{4}\dot{6}$ を分数で表すと［①］である。$1.\dot{4}\dot{6}+2.\dot{7}$ を循環小数で表すと［②］となる。 〔南山大〕

15 次の問いに答えよ。

□(1) $1 \leqq x < 3$ のとき $|x-1|-2|3-x|$ を簡単にせよ。 〔久留米大〕

□(2) $|x+2|-|x-1|+3|2x-5|$ を簡単な形に整理すると，$x<-5$ の場合は［①］，$1<x<2$ の場合は［②］になる。

□ **16** $x^2+2xy+2y^2-4y+4=0$ を満たす実数 x，y を求めよ。

Check

14 $x=1.\dot{4}\dot{6}$ とすると，$100x=146.\dot{4}\dot{6}$ である。

15 (2) 絶対値の中の符号を考えてから絶対値をはずす。

16 $A^2+B^2=0$ の形に式を整理する。

6 根号を含む式の計算 ①

解答 ▸ 別冊 p.4

POINTS

1 平方根の性質

$\sqrt{a^2}=|a|$

2 平方根の積と商

$a>0,\ b>0,\ k>0$ のとき，

$\sqrt{a}\times\sqrt{b}=\sqrt{ab}$，　$\dfrac{\sqrt{a}}{\sqrt{b}}=\sqrt{\dfrac{a}{b}}$，　$\sqrt{k^2a}=k\sqrt{a}$

3 二重根号

$a>0,\ b>0,\ a>b$ のとき，

$\sqrt{(a+b)+2\sqrt{ab}}=\sqrt{a}+\sqrt{b}$，　$\sqrt{(a+b)-2\sqrt{ab}}=\sqrt{a}-\sqrt{b}$

17 次の計算をせよ。

□(1) $(\sqrt{2}-\sqrt{3})^3-(2\sqrt{2}+1)^2$

□(2) $\dfrac{2}{1+\sqrt{3}}+\dfrac{2}{\sqrt{3}+\sqrt{5}}+\dfrac{2}{\sqrt{5}+\sqrt{7}}$ 〔千葉工業大〕

□(3) $\dfrac{1}{1+\sqrt{2}-\sqrt{3}}$

□(4) $(\sqrt{3}+\sqrt{2})^4-(\sqrt{3}-\sqrt{2})^4$ 〔佛教大〕

□(5) $(\sqrt{3}+\sqrt{2}+1)(\sqrt{3}+\sqrt{2}-1)(\sqrt{3}-\sqrt{2}+1)(\sqrt{3}-\sqrt{2}-1)$ 〔京都産業大〕

Check | **17** (1)(4)(5) 乗法公式を利用する。　(2)(3) 分母の有理化を行う。

第1章 第2章 第3章 第4章 第5章

18 次の計算をせよ。

□(1) $\sqrt{14+8\sqrt{3}}$

□(2) $\sqrt{5+\sqrt{21}}-\sqrt{5-\sqrt{21}}$

□ **19** $-3<a<0$ のとき，$3\sqrt{a^2-4a+4}-2\sqrt{a^2+6a+9}+4\sqrt{a^2}$ を簡単にせよ。

〔北海道薬科大〕

Check | **18** (1) $\sqrt{14+2\sqrt{a}}$ の形にしてから計算する。 (2) $\sqrt{5+\sqrt{21}}=\dfrac{\sqrt{10+2\sqrt{21}}}{\sqrt{2}}$ である。

19 $\sqrt{a^2}=|a|$，$|a|=\begin{cases} a & (a\geqq 0 \text{ のとき}) \\ -a & (a<0 \text{ のとき}) \end{cases}$ に注意する。

7 根号を含む式の計算 ②

解答 ▸ 別冊 p.5

POINTS

1 式の値

式に値を代入するときには，代入しやすいように式を整理あるいは変形してから，値を代入する。

$x^2+y^2=(x+y)^2-2xy,\quad x^3+y^3=(x+y)^3-3xy(x+y)$

2 根号を含む値の整数部分と小数部分

実数 A の整数部分を a，小数部分を b とすると，$A=a+b$

20 $x=\dfrac{2-\sqrt{3}}{2+\sqrt{3}}$，$y=\dfrac{2+\sqrt{3}}{2-\sqrt{3}}$ のとき，次の問いに答えよ。〔札幌大〕

□(1) $x+y$ と xy の値をそれぞれ求めよ。

□(2) x^2+y^2 の値を求めよ。

□(3) x^3+y^3 の値を求めよ。

□(4) $|x-y|$ の値を求めよ。

Check | **20** (2)(3) POINTS 1 を参照。

(4) $|x-y|$ の絶対値のはずし方に注意する。

□ **21** $x=a^2+1$，$a=\sqrt{6}-2$ のとき，$\sqrt{x+2a}+\sqrt{x-2a}$ の値を求めよ。 〔奈良大〕

22 $x-\dfrac{1}{x}=2\sqrt{2}$（ただし $x<0$）のとき，次の値を求めよ。 〔大阪産業大一改〕

□(1) $x^2+\dfrac{1}{x^2}$

□(2) $x+\dfrac{1}{x}$

□ **23** $\dfrac{2}{\sqrt{3}-1}$ の整数部分を a，小数部分を b とする。このとき，a^2+ab+b^2 と $\dfrac{1}{a-b-1}-\dfrac{1}{a+b+1}$ の値を求めよ。 〔琉球大〕

Check | **22** (2) $\left(x+\dfrac{1}{x}\right)^2$ を計算してから $x+\dfrac{1}{x}$ の値を求める。

23 $\dfrac{2}{\sqrt{3}-1}$ の整数部分が a であるとき，$b=\dfrac{2}{\sqrt{3}-1}-a$ である。

第1章 第2章 第3章 第4章 第5章

8　1次不等式

解答▸別冊 p.6

POINTS

1 不等式の性質

① $A<B$ ならば，$A+C<B+C$，　$A-C<B-C$

② $A<B$，$C>0$ ならば，$AC<BC$，　$\dfrac{A}{C}<\dfrac{B}{C}$

③ $A<B$，$C<0$ ならば，$AC>BC$，　$\dfrac{A}{C}>\dfrac{B}{C}$

2 絶対値を含む1次不等式

絶対値を含む1次不等式では，場合分けによって，絶対値をはずしてから不等式を解く。

24 次の方程式，不等式を解け。

□(1) $\dfrac{2x-1}{3}+5\geqq\dfrac{x}{2}$

□(2) $|5-2x|\leqq3$　〔東海大〕

□(3) $\begin{cases} 3(x+2)<5x+\dfrac{x-3}{2} \\ \dfrac{x-2}{5}\geqq\dfrac{x-4}{2} \end{cases}$　〔金沢工業大〕

□(4) $|x-2|+3|x+2|<10$　〔広島工業大〕

□(5) $|x-1|+2|x|=2-x$

Check | **24** (2) (i) $x\leqq\dfrac{5}{2}$，(ii) $\dfrac{5}{2}<x$ に分けて考える。

(4) (i) $x<-2$，(ii) $-2\leqq x<2$，(iii) $2\leqq x$ に分けて考える。

(5) (i) $x<0$，(ii) $0\leqq x<1$，(iii) $1\leqq x$ に分けて考える。

□ **25** 連立不等式 $ax<\dfrac{4x-b}{-2}<2x$ の解が $1<x<4$ であるとき，a，bの値を求めよ。

〔駒澤大〕

□ **26** $\dfrac{1}{2-\sqrt{3}}$ の整数部分をa，小数部分をbとする。不等式 $\dfrac{1}{2-\sqrt{3}}<\dfrac{6}{a}+\dfrac{k}{b}$ を満たすkの値の範囲を求めよ。

〔広島大〕

□ **27** S大学Yクラブの4年生が卒業記念品を購入することになった。1人当たり3000円集めると記念品を購入するのに必要な額より6000円不足し，3400円ずつ集めると必要額を1000円以上超過する。顧問の先生から1万円の寄付がある場合には，1人当たり2800円ずつ集めると必要額を300円以上超過する。S大学Yクラブの4年生の部員は[①]人おり，記念品を購入するのに必要な金額は[②]万円である。

〔摂南大〕

Check | **26** a，bを決定し，不等式を解く。
27 部員の人数をx人として連立不等式をつくる。

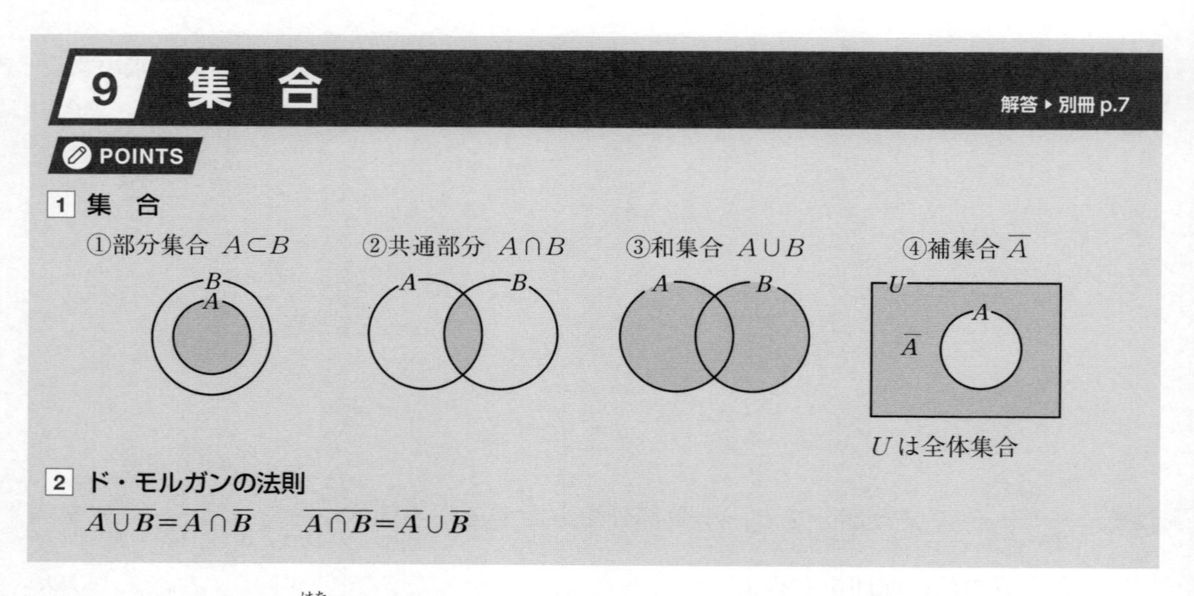

□ **28** $U=\{x \mid x$ は1桁(けた)の自然数$\}$ を全体集合とするとき，その部分集合 $A=\{2, 3, 5, 8\}$，$B=\{1, 3, 6, 8, 9\}$ について，$\overline{A} \cap \overline{B}=$ [①]，$\overline{A} \cup B=$ [②] である。

〔広島修道大〕

29 整数を要素とする4つの集合 $S_1=\{1, 2, 4, 7, 11\}$，$S_2=\{1, 2, 3, 4\}$，$S_3=\{1, 5, a, b\}$，$S_4=\{1, 2, 4, c\}$ について，次の問いに答えよ。〔東京都市大〕

□(1) 和集合 $S_1 \cup S_2$ を求めよ。

□(2) 共通部分 $S_1 \cap S_2$ を求めよ。

□(3) $S_3 \cap S_4=\{1, 3\}$，$S_3 \cup S_4=\{1, 2, 3, 4, 5, 7\}$ であるとき a，b，c を求めよ。

Check
28 図に表して調べてみる。
29 x が $P \cap Q$ の要素であるとき，$P \ni x$ かつ $Q \ni x$ である。

□ **30** 実数全体の集合を全体集合とし，$A=\{x\mid -1\leqq x<5\}$，$B=\{x\mid -3<x\leqq 4\}$，$C=\overline{A}\cup\overline{B}$ とするとき $A\cap C=\{x\mid$ ① $<x<$ ② $\}$，$A\cup\overline{C}=\{x\mid -$ ③ $\leqq x<$ ④ $\}$ である。〔東京経済大〕

□ **31** 整数を要素とする 2 つの集合 $A=\{2,\ 6,\ 5a-a^2\}$，$B=\{3,\ 4,\ 3a-1,\ a+b\}$ がある。4 が共通部分 $A\cap B$ に属するとき，$a=$ ① または ② （① $<$ ②）である。さらに $A\cap B=\{4,\ 6\}$ であるとき，$b=$ ③ であり，和集合 $A\cup B=\{2,\ 3,\ 4,\ 6,$ ④ $\}$ である。〔千葉工業大〕

□ **32** 1 から 49 までの自然数からなる集合を全体集合 U とする。U の要素のうち，50 との最大公約数が 1 より大きいもの全体からなる集合を V，また，U の要素のうち，偶数であるもの全体からなる集合を W とする。いま A と B は U の部分集合で，次の 2 つの条件を満たすとするとき，集合 A の要素をすべて求めよ。

(i) $A\cup\overline{B}=V$　　(ii) $\overline{A}\cap\overline{B}=W$

〔岩手大〕

Check

30 数直線上にそれぞれの集合を表して考える。

31 $4\in A\cap B$ より，4 が A に属する。

32 V と W の要素をそれぞれ書き並べてみる。

10 命　題

解答▸別冊 p.8

POINTS

1 集合と命題

条件 p を満たすものの集合を P，条件 q を満たすものの集合を Q とする。

$p \Longrightarrow q$ が真であるとき，$P \subset Q$ が成り立つ。

また，**$P \subset Q$ が成り立つとき，$p \Longrightarrow q$ は真である。**

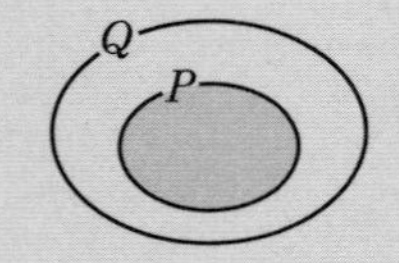

2 反　例

命題が偽であることを示すためには，**反例**(命題が成り立たない例)を1つあげればよい。

□ **33** 次の命題の真偽を調べよ。

「x，y を実数とするとき，$x^2+y^2>0 \Longrightarrow x>0$ かつ $y>0$」

□ **34** 実数 a，b に関する条件 p，q を次のように定める。

p：$(a+b)^2+(a-2b)^2<5$

q：$|a+b|<1$ または $|a-2b|<2$

次の**ア**～**エ**のうち，命題「$q \Longrightarrow p$」に対する反例になっているのは［　　］である。

ア　$a=0$，$b=0$　　**イ**　$a=1$，$b=0$　　**ウ**　$a=0$，$b=1$　　**エ**　$a=1$，$b=1$

Check

33 反例が1つでも見つかれば，その命題は偽である。

34 「q であるが p でない」となるものを選ぶ。

35 4桁(けた)の正の整数 n に対して，次の命題A，Bを考える。

命題A：n の下1桁の数が4の倍数であれば，n は4の倍数である。

命題B：n の下2桁が表す数が4の倍数であれば，n は4の倍数である。

ただし，正の整数の下2桁が表す数とは，例えば3405ならば5，7891ならば91のことである。

〔広島市立大〕

□(1) 命題Aが真であれば証明せよ。偽であれば反例を1つあげ，それが反例である理由を説明せよ。

□(2) 命題Bが真であれば証明せよ。偽であれば反例を1つあげ，それが反例である理由を説明せよ。

□ **36** 実数 x についての2つの条件 p：$-1 \leqq x \leqq a$，q：$a-5 \leqq x \leqq 3$ について，命題 $p \Longrightarrow q$ が真であるとき，a の値の範囲を求めよ。

Check

35 (2) $n=1000a+100b+10c+d$ として考える。

36 2つの条件を満たす集合の関係を考える。

11 命題と条件

解答 ▸ 別冊 p.8

POINTS

1 必要条件と十分条件

①命題 $p \Longrightarrow q$ が真であるとき，p は q であるための**十分条件**，q は p であるための**必要条件**であるという。

②$p \Longrightarrow q$，$q \Longrightarrow p$ がともに真であるとき，p は q であるための**必要十分条件**であるという。同様に，q は p であるための必要十分条件である。

$p \Longrightarrow q$（真）
十分条件　必要条件

2 否　定

条件 p に対して，「p でない」という条件を p の**否定**といい，$\overline{p}$ で表す。

37 実数 c に関する条件①を考える。　$|c| \leqq 2$ ……①

下の(1)から(5)の c に関する条件が，それぞれ上の条件①が成り立つための

ア 必要条件であるが，十分条件ではない。

イ 十分条件であるが，必要条件ではない。

ウ 必要十分条件である。

エ 必要条件でも十分条件でもない。

のいずれであるかを答え，その理由を説明せよ。　〔お茶の水女子大一改〕

□(1)　$c \leqq 2$

□(2)　$c^2 - 2 = 0$

□(3)　すべての実数 x に対して，$x^4 - c \geqq 0$

□(4)　ある実数 x があり，$(x-1)^2 + c^2 \leqq 4$ となる。

□(5)　$x < 1$ のすべての実数 x に対して，$cx < 2$

Check | **37** POINTS 1 を参照。

□ **38** nを自然数とするとき，条件 p，q，r を

p：n は5の倍数ではない。

q：n^4 を5で割った余りは1である。

r：n^2-n+1 は奇数である。

とする。このとき，q は p であるための［①］条件である。また，r は p であるための［②］条件である。

〔東京慈恵会医科大〕

39 次の問いに答えよ。ただし，a，b は実数とする。

条件**ア**～**シ**を次のようにおく。

ア $a=0$ かつ $b=0$　**イ** $a=0$ かつ $b\neq0$　**ウ** $a\neq0$ かつ $b=0$

エ $a\neq0$ かつ $b\neq0$　**オ** $a=0$ または $b=0$　**カ** $a=0$ または $b\neq0$

キ $a\neq0$ または $b=0$　**ク** $a\neq0$ または $b\neq0$

ケ すべての実数 x について $ax+b=0$　**コ** すべての実数 x について $ax+b\neq0$

サ ある実数 x について $ax+b=0$　**シ** ある実数 x について $ax+b\neq0$

このとき，次の［　］にあてはまるものを，上の**ア**～**シ**から選べ。

〔山口大－改〕

□(1) 条件**ア**の否定は［　］である。

□(2) 条件**ケ**の否定は［　］である。

Check | **38** ① $p \Longrightarrow q$，$q \Longrightarrow p$ の真偽をそれぞれ調べる。

39「p かつ q」の否定は「$\overline{p}$ または $\overline{q}$」である。

12 命題とその逆・裏・対偶

解答 ▸ 別冊 p.8

POINTS

1 命題の逆・裏・対偶

命題「$p \Longrightarrow q$」に対して，

「$q \Longrightarrow p$」を**逆**，「$\overline{p} \Longrightarrow \overline{q}$」を**裏**，「$\overline{q} \Longrightarrow \overline{p}$」を**対偶**という。

なお，もとの命題とその対偶の真偽は一致する。

□ **40** 命題「aが3の倍数ならば，$2a$は3の倍数である」の対偶となる命題をいえ。

〔愛知工業大〕

□ **41** 次の□に，「真」または「偽」のいずれかを入れよ。

実数xについての命題「$x^2+x=0 \Longrightarrow x=0$」は［①］であり，この命題の逆は［②］であり，対偶は［③］である。

〔立教大〕

Check

40 POINTS 1 を参照。

41 POINTS 1 を参照。

42 x, yを実数とするとき，「xが有理数かつyが有理数ならば $x+y$ は有理数である」という命題をPとする。〔横浜市立大〕

□(1) Pの対偶を述べよ。

□(2) Pの逆を述べ，その真偽を理由をつけて答えよ。

□ **43** a, b, cを整数とするとき，
命題「a, b, cのすべてが2の倍数ならば，積abcは8の倍数である」の対偶となる命題において，結論の部分にあたるものは次のどれか。〔防衛大〕

ア abcは8の倍数である。

イ abcは8の倍数でない。

ウ a, b, cのすべてが2の倍数である。

エ a, b, cの中に2の倍数は存在しない。

オ a, b, cの中に2の倍数でないものがある。

Check | **42** (2) 反例をあげる。
43 命題 $p \Longrightarrow q$ における「q」の部分が結論にあたる。

13 命題と証明

解答▶別冊 p.9

POINTS

1 対偶を利用する証明

命題を証明するには，その対偶を証明してもよい。

2 背理法

命題が成立しないと仮定して矛盾を導き，もとの命題が真であることを示す証明法を**背理法**という。

44 次の問いに答えよ。〔滋賀県立大〕

□(1) n が自然数であるとき，n^2 が偶数ならば n も偶数となることを示せ。

□(2) $\sqrt{2}$ は無理数であることを示せ。

45 次の命題が成り立つことを示せ。ただし，$\sqrt{6}$ が無理数であることを用いてもよい。〔北海道大一改〕

□(1) $\sqrt{2}+\sqrt{3}$ は無理数である。

□(2) $2+\dfrac{\sqrt{2}}{\sqrt{3}}$ は無理数である。

Check

44 (2) 無理数は有理数でない実数であり，有理数は $\dfrac{m}{n}$ で表される数である。ただし，m は整数，n は正の整数で，m と n は最大公約数が 1 とする。

45 与えられた数が有理数 r に等しいと仮定し（$\sqrt{2}+\sqrt{3}=r$），$\sqrt{6}$ が現れるように変形する。

46 次の問いに答えよ。〔千葉大〕

□(1) nを自然数とする。このとき，n^2を4で割った余りは0または1であることを証明せよ。

□(2) 3つの自然数a，b，cが$a^2+b^2=c^2$を満たしている。このとき，a，bの少なくとも一方は偶数であることを証明せよ。

47 次の問いに答えよ。

□(1) x，yがともに正の数であるとき，次の命題Aの対偶を示せ。

命題A：$x^2+y^2 \geqq 6 \Longrightarrow x \geqq \sqrt{3}$ または $y \geqq \sqrt{3}$

□(2) 上記の命題Aが真であることを示せ。

Check

46 (1) $2^2=4$ より，$n=2k$ または $n=2k-1$（kは自然数）として示す。(2) 背理法を利用する。

47 (2) 対偶が真であることを示せばよい。

14 関数とグラフ

解答▶別冊 p.9

POINTS

1 絶対値を含む関数のグラフ

$|a|=\begin{cases} a & (a\geqq 0) \\ -a & (a<0) \end{cases}$ に注意しながら，場合分けをしてグラフをかく。

2 グラフの移動

関数 $y=f(x)$ のグラフを移動させたときの，移動後のグラフの方程式

①x 軸方向に $+p$，y 軸方向に $+q$ の平行移動…$\boldsymbol{y-q=f(x-p)}$

②x 軸に関する対称移動…$\boldsymbol{-y=f(x)}$　③y 軸に関する対称移動…$\boldsymbol{y=f(-x)}$

④原点に関する対称移動…$\boldsymbol{-y=f(-x)}$

□ **48** 関数 $y=mx+n$ $(1\leqq x\leqq 3)$ の最大値が 11，最小値が 5 となるように，定数 m，n の値を定めよ。

□ **49** 関数 $f(x)=|4x|-|4x-1|+|4x-2|-|4x-3|$ に対して，$y=f(x)$ のグラフをかけ。

〔金沢医科大―改〕

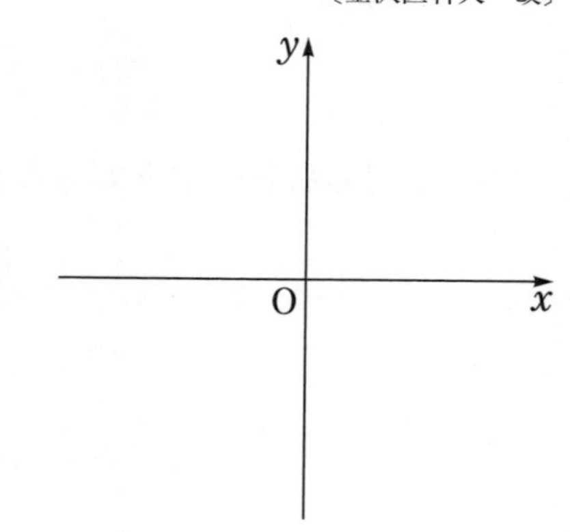

Check

48 $y=mx+n$ は，$m>0$ のとき単調増加，$m=0$ のとき定数関数，$m<0$ のとき単調減少。

49 (i) $x\leqq 0$，(ii) $0<x\leqq \frac{1}{4}$，(iii) $\frac{1}{4}<x\leqq \frac{1}{2}$，(iv) $\frac{1}{2}<x\leqq \frac{3}{4}$，(v) $\frac{3}{4}<x$ の5通りに場合分けする。

50 直線 $y=-3x+2$ を次のように移動した直線の式を求めよ。

□(1) x 軸方向に $\frac{2}{3}$，y 軸方向に -2 だけ平行移動

□(2) x 軸に関して対称移動

□(3) y 軸に関して対称移動

□(4) 原点に関して対称移動

□ **51** 関数 $y=\left|\left||x|-\frac{1}{2}\right|-\frac{1}{2}\right|$ のグラフをかけ。

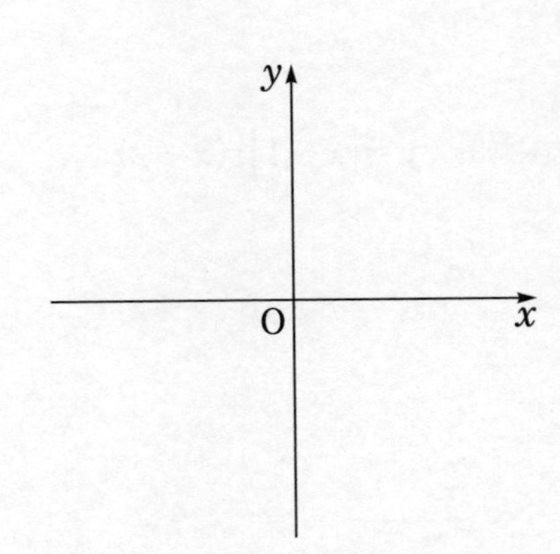

Check | **50** POINTS 2 を参照。
51 $f(-x)=f(x)$ であるから，グラフは y 軸に関して対称である。

15 2次関数のグラフ ①

解答 ▸ 別冊 p.10

POINTS

1 2次関数のグラフ

2次関数 $y=a(x-p)^2+q$ のグラフは，頂点 $(\boldsymbol{p},\ \boldsymbol{q})$，軸 $\boldsymbol{x=p}$ の放物線である。

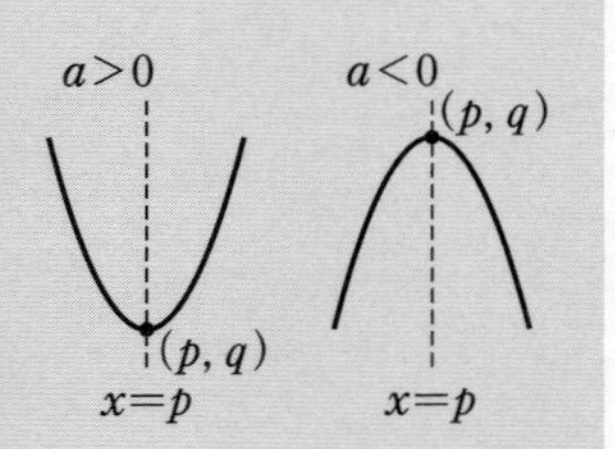

52 次の関数のグラフをかけ。

□(1) $y=\begin{cases} x^2-2x & (x \geqq 0) \\ -x^2-6x & (x<0) \end{cases}$

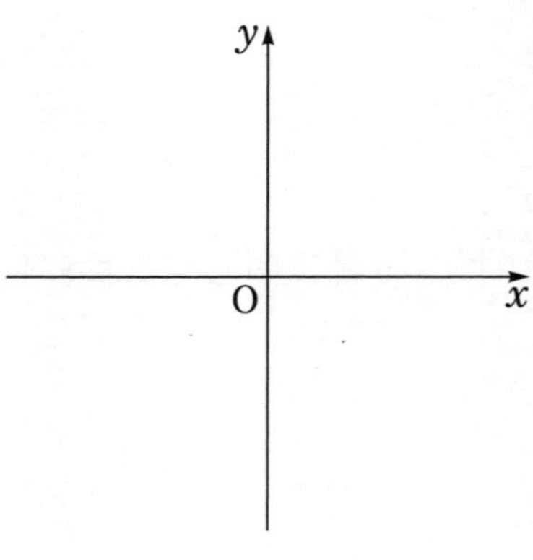

□(2) $y=x^2-3|x|+2$

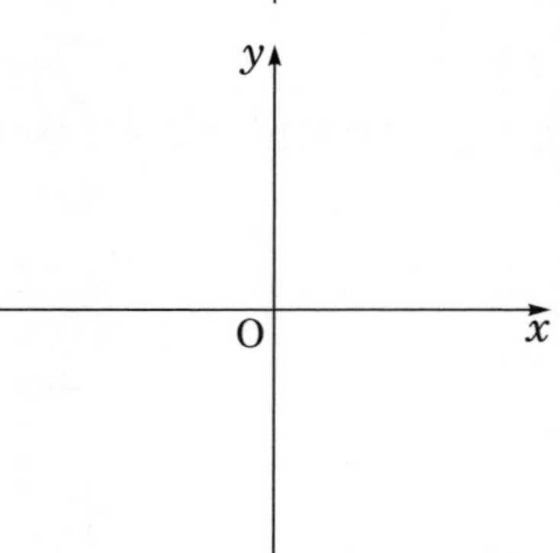

□(3) $y=|x-1|\cdot(x-2)$

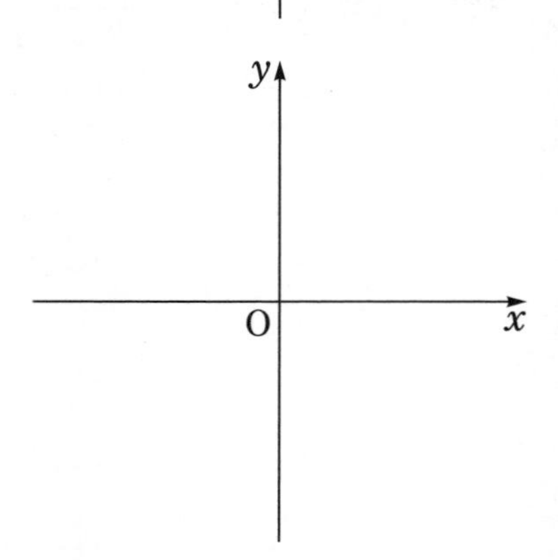

Check | **52** (2)(3) 絶対値の中が0以上の場合と負の場合の2つに分けて考える。

53 $y=x^2-4|x-2|+3$ $(-1<x<4)$ のとき，次の問いに答えよ。〔昭和女子大〕

□(1) この関数のグラフをかけ。

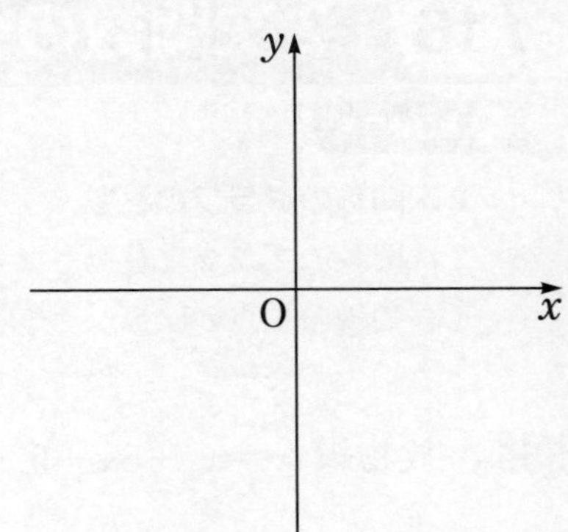

□(2) この関数の値域を求めよ。

□ **54** $y=|x^2-2|x||$ と $y=k$ のグラフが，最も多くの異なる共有点をもつための実数 k の条件を求めよ。〔芝浦工業大〕

Check | **53** (1) (i) $x \geqq 2$, (ii) $x<2$ に分けて考える。

54 2つのグラフをかいて，交点の個数を調べる。$y=k$ は x 軸に平行な直線であることに注意する。

16 2次関数のグラフ ②

解答 ▸ 別冊 p.11

POINTS

1 2次関数のグラフの移動

2次関数のグラフを移動させるときは，次のことに注意する。

①移動後の頂点の座標　　②グラフが上に凸か，下に凸か

55 放物線 $y=x^2+6x+5$ ……(i) について，次の□にあてはまる数または式を求めよ。

□(1) (i)は，放物線 $y=x^2-2x+3$ を，x 軸方向に［①］，y 軸方向に［②］だけ平行移動したものである。

□(2) (i)を直線 $x=1$ に関して対称移動すると，$y=$［③］

□(3) (i)をその頂点に関して対称移動すると，$y=$［④］

□(4) (i)を原点に関して対称移動すると，$y=$［⑤］

Check | **55** (3) 頂点の座標は変わらないが，x^2 の係数の符号が変わる。 (4) 頂点を移動させて考える。

56 a, bを自然数とし，2次関数 $y=x^2-2ax+a^2-3a-4b+8$ のグラフをEとする。

〔麻布大一改〕

□(1) このとき，グラフEは頂点の座標が(① a, $-$ ② $a-$ ③ $b+$ ④)の放物線である。

□(2) グラフEをy軸方向に-2だけ平行移動し，さらにx軸に関して対称移動すると，2次関数 $y=-x^2+4x+4$ のグラフになる。このとき，$a=$ ⑤ , $b=$ ⑥ である。

□ **57** a, b, cは定数で，$a \neq b$ とする。2次関数 $y=x^2+2ax+b$ と $y=x^2+2bx+a$ のグラフは，直線 $x=c$ に関して対称であるとする。このとき，$a+b$, cの値をそれぞれ求めよ。

〔日本大一改〕

Check | **56** (2) 頂点の移動を考える。
57 2つのグラフの頂点が，$x=c$ に関して対称であることを利用する。

17 2次関数の最大・最小 ①

解答 ▸ 別冊 p.12

POINTS

1 2次関数 $y=a(x-p)^2+q$ の最大・最小

①$a>0$ のとき，$x=p$ で最小値 q をとり，最大値はない。

②$a<0$ のとき，$x=p$ で最大値 q をとり，最小値はない。

□ **58** 2次関数 $y=x^2-4x+c$ の $-3\leqq x\leqq 5$ における最大値が17であるという。このときの定数 c の値は［①］であり，y の最小値は［②］である。〔北海道科学大〕

□ **59** 定義域が $0\leqq x\leqq 3$ である2次関数 $y=-ax^2+2ax+b$ の最大値が3で，最小値が -5 であるとき，定数 a，b の値を求めよ。ただし $a>0$ とする。〔中央大〕

Check

58 頂点が定義域に入っているので，頂点の y 座標が最小値となる。

59 $a>0$ より，グラフは上に凸の放物線であることに注意する。

60 $y=-x^4+4x^2$ $(-1 \leqq x \leqq 2)$ とする。

□(1) $-1 \leqq x \leqq 2$ のとき，x^2 のとりうる値の範囲を求めよ。

□(2) y の最大値と最小値を求めよ。

□ **61** x を変数とする 4 次関数 $y=(x^2-4x+3)(-x^2+4x+2)-2x^2+8x-1$ は，$t=x^2-4x$ とおくと，t を変数とする 2 次関数 $f(t)=$ ① となる。このとき t のとりうる値の範囲は ② である。また，$t=$ ③ のとき，$f(t)$ の最大値は ④ となる。

〔久留米大〕

Check

60 (1) $y=x^2$ のグラフから，x^2 のとりうる値の範囲を考える。

61 $t=x^2-4x$ を代入すると，y は t の 2 次関数となる。

18 2次関数の最大・最小 ②

解答 ▸ 別冊 p.12

POINTS

1 条件式の利用

与えられた条件式を代入することによって，値の変化を調べたい関数の文字の種類を減らすことができる。

2 実数の性質の利用

①実数Aについて，　$A^2 \geqq 0$

②実数 A，B について，　$A^2+B^2=0$ ならば，$A=B=0$

□ **62** x，y を実数とするとき，$2x^2+(2y-x+1)^2+2$ の最小値を求めよ。

□ **63** x，y が実数のとき，式 $x^2+5y^2+4xy-6x-4y-2$ の最小値を求めよ。　〔中京大〕

Check

62 A が実数のとき $A^2 \geqq 0$ であり，A^2 の最小値は 0 である。

63 与式を A^2+B^2+C の形に直し，$A^2 \geqq 0$，$B^2 \geqq 0$ であることを利用する。

64 次の問いに答えよ。

□(1) $x+y=3$ ならば，x^2+y^2 は $x=$ [①] のとき，最小値 [②] をとる。 〔立教大〕

□(2) $a>0$，$b>0$，$a+b=1$ のとき，a^3+b^3 の最小値を求めよ。 〔東京電機大〕

□ **65** $x+3y=k$ のとき，x^2+y^2 の最小値は $\dfrac{5}{2}$ である。このとき，k の値を求めよ。ただし，$k>0$ とする。 〔西南学院大〕

Check | **64** (2) $b=1-a$ を a^3+b^3 に代入し，a だけの式にする。
65 $x=k-3y$ を x^2+y^2 へ代入する。

19　2 次関数の最大・最小 ③

解答 ▸ 別冊 p.13

POINTS

1 定義域に制限がある 2 次関数の最大・最小

$y=f(x)=a(x-p)^2+q$ $(x_1 \leqq x \leqq x_2)$ の最大・最小について，

①頂点が $x_1 \leqq x \leqq x_2$ の範囲にあるとき
頂点の y 座標 q と，定義域の両端の値 $f(x_1)$，$f(x_2)$ の大小を調べる。

②頂点が $x_1 \leqq x \leqq x_2$ の範囲にないとき
定義域の両端の値 $f(x_1)$，$f(x_2)$ の大小を調べる。

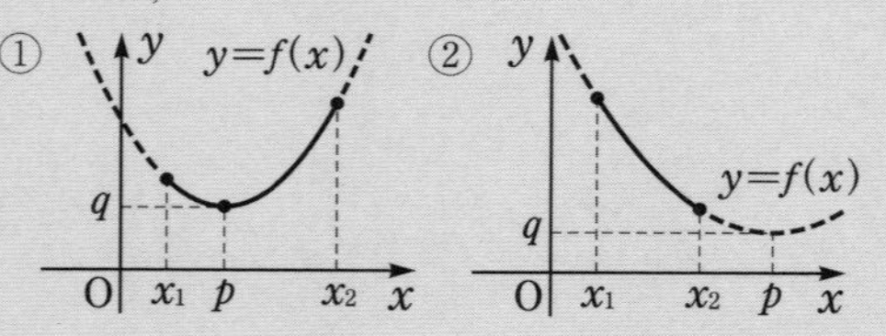

66 関数 $f(x)=x^2-4x+a$ の $a \leqq x \leqq a+3$ における最大値を $M(a)$，最小値を $m(a)$ とする。

□(1) $M(a)$，$m(a)$ を，それぞれ a を用いて表せ。

□(2) $y=m(a)$ のグラフをかき，$m(a)$ の最小値を求めよ。

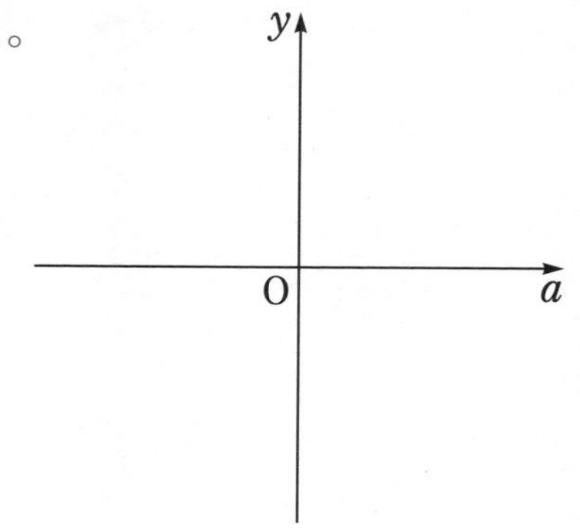

Check | **66** (1) (i) $a \leqq -1$，(ii) $-1<a \leqq \frac{1}{2}$，(iii) $\frac{1}{2}<a \leqq 2$，(iv) $2<a$ の 4 つの場合に分けて考える。

□ **67** 関数 $f(x)=x^4+2tx^2+2t^2+t+1$ の最小値を $m(t)$ とする。$m(t)$ の最小値を求めよ。

□ **68** 定義域が $0 \leqq x \leqq 3$ である2次関数 $f(x)=-2x^2+4ax-a-a^2$ の最大値が0となるような a の値をすべて求めよ。

Check

67 $x^2=X$ として考える。

68 頂点が定義域の範囲にある場合と，ない場合に分けて考える。

20 2次関数の決定

解答 ▸ 別冊 p.14

POINTS

1 2次関数の決定

①グラフの頂点が $(p,\ q)$ であるとき，　$y=a(x-p)^2+q$

②グラフが通る3点がわかっているとき，　$y=ax^2+bx+c$

③グラフと x 軸との交点が $(\alpha,\ 0)$，$(\beta,\ 0)$ であるとき，　$y=a(x-\alpha)(x-\beta)$

69 グラフが次の条件を満たすような2次関数を求めよ。

□(1) 頂点が $(-1,\ 3)$ で，点 $(0,\ -1)$ を通る。　〔関東学院大〕

□(2) 軸が $x=1$ で，2点 $(0,\ 7)$，$(3,\ 11)$ を通る。　〔金沢工業大〕

□(3) 3点 $(0,\ 0)$，$(2,\ 3)$，$(-2,\ 5)$ を通る。　〔北海道医療大〕

□(4) 3点 $(1,\ 0)$，$(-2,\ 0)$，$(3,\ 20)$ を通る。

□(5) 頂点が $(2,\ -3)$ で，x 軸から切り取る線分の長さが6である。

Check | **69** (4) 2点 $(1,\ 0)$，$(-2,\ 0)$ を通ることから，グラフと x 軸の交点がわかる。
(5) グラフの対称性を利用する。

70 座標平面上に放物線 $C: y=x^2-6x$ がある。 〔大阪経済大―改〕

□(1) 放物線 C の頂点の座標は（ ① , ② ）である。

□(2) 放物線 C の頂点と放物線 $y=-ax^2+8x+b$ の頂点が一致するとき，$a=$ ③ ，$b=$ ④ である。

□ **71** 放物線 $y=x^2-2(2a-1)x+4a^2-a+3$ の頂点の座標は（ ① , ② ）である。この頂点が直線 $y=4x-3$ 上にあるとき，$a=$ ③ である。 〔大同大〕

Check | **70** (2) (1)から，放物線 $y=-ax^2+8x+b$ の頂点の座標がわかる。
71 頂点の座標を $y=4x-3$ へ代入する。

21 2次関数の利用

解答▸別冊 p.14

POINTS

1 2次関数の利用

変化する2つの変量を x, y としたときに y が x の2次関数であるとき，その関数の値の変化の様子や最大，最小については，グラフを用いて考えるとよい。

□ **72** 直角三角形ABCの斜辺BC上を点Pが動く。Pから辺AB，ACに下ろした垂線の足を，それぞれQ，Rとする。△PQRの面積を最大にする点Pを求めよ。

〔津田塾大〕

□ **73** 高さが12，底面の半径が5の円錐(えんすい)がある。この円錐の表面積は［①］である。この円錐に内接し，底面を共有する円柱の半径を x，高さを h とする。このとき，$h=$［②］である。円柱の表面積は x のみを用いて，$f(x)=$［③］と表せる。したがって，円柱の表面積が最大となるのは $x=$［④］のときであり，そのときの表面積は［⑤］である。

〔近畿大―改〕

Check

72 3辺の長さを a, b, c として，$\mathrm{BP}=x$ $(0<x<a)$ とおく。

73 三角形の相似を用いて，円柱の高さを x で表す。

□ **74** 一定の長さの針金を2つの部分に分け，その1つで円を，他の1つで正方形をつくる。つくった円と正方形の面積の和が最小になるのは，針金をどのように分ける場合か。

〔慶應大〕

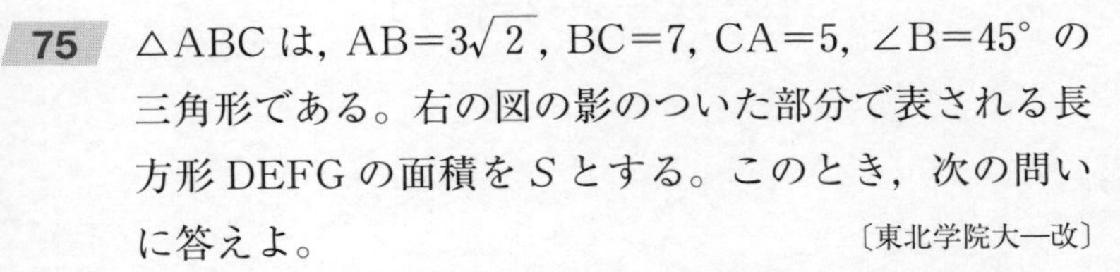

75 $\triangle$ABC は，AB$=3\sqrt{2}$，BC$=7$，CA$=5$，$\angle$B$=45^\circ$ の三角形である。右の図の影のついた部分で表される長方形 DEFG の面積を S とする。このとき，次の問いに答えよ。

〔東北学院大一改〕

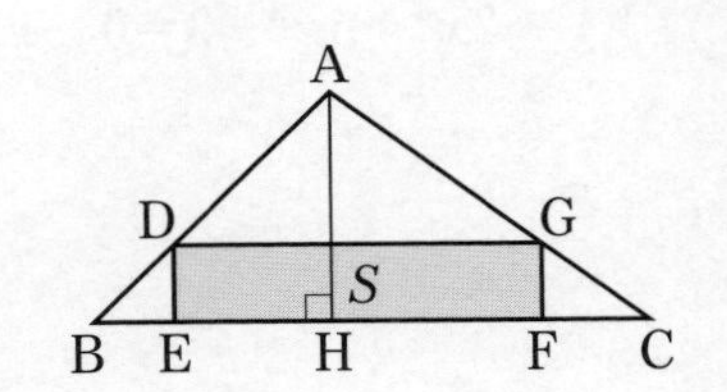

□(1) A より BC に，垂線 AH を下ろす。線分 AH の長さを求めよ。

□(2) BE$=x$ とおいて，S を x で表し，x を変化させたときの S の最大値を求めよ。

Check | **74** 針金の長さを1として，円をつくる針金の長さを x として考える。

75 (2) $\triangle$ACH$\backsim\triangle$GCF から，EF の長さを x で表す。

22 2次方程式 ①

解答 ▸ 別冊 p.15

POINTS

1 2次方程式の解

① $a(x-\alpha)(x-\beta)=0$ の解は，$\boldsymbol{x=\alpha,\ \beta}$

② $ax^2+bx+c=0$ の解は，$\boldsymbol{x=\dfrac{-b\pm\sqrt{b^2-4ac}}{2a}}$ （解の公式）

特に，$ax^2+2b'x+c=0$ の解は，$\boldsymbol{x=\dfrac{-b'\pm\sqrt{b'^2-ac}}{a}}$

76 次の方程式の解を求めよ。

□(1) $2x^4+5x^2-3=0$

□(2) $x^2-x-2=|x-1|$

□ **77** 2次方程式 $(\sqrt{2}-1)x^2+\sqrt{2}x+1=0$ の解を求めよ。

Check

76 (1) $x^2=t\ (\geqq 0)$ とおく。 (2) $x\geqq 1$，$x<1$ で場合分けする。

77 両辺に $\sqrt{2}+1$ をかけて，x^2 の係数を1にする。

78 2次方程式 $ax^2+bx+c=0$ の解を α, β とするとき，次の問いに答えよ。

□(1) α, β を，a, b, c を用いて表せ。

□(2) $\alpha+\beta$, $\alpha\beta$ を，a, b, c を用いて表せ。

□ **79** 2つの2次方程式 $x^2+2ax+2=0$, $x^2+4x+a=0$ がただ1つの共通解をもつとき，a の値を求めよ。

〔工学院大〕

Check **78** (1)解の公式を利用する。

79 共通解を α とすると，$\alpha^2+2a\alpha+2=0$, $\alpha^2+4\alpha+a=0$

第1章 第2章 第3章 第4章 第5章

23　2次方程式 ②

解答▶別冊 p.16

POINTS

1　2次方程式の実数解の個数

2次方程式 $ax^2+bx+c=0$（a，b，c は実数）の**実数解**の個数は，判別式 $\boldsymbol{D=b^2-4ac}$ を用いて調べることができる。

$D>0 \iff$ 異なる2つの実数解をもつ

$D=0 \iff$ ただ1つの実数解（**重解**）をもつ

$D<0 \iff$ 実数解をもたない

［$ax^2+2b'x+c=0$ のときは，$\dfrac{D}{4}=b'^2-ac$ を用いる。］

□ **80**　2次方程式 $x^2-2kx+4=0$ が重解をもつとき，定数 k の値は2または［　　］である。〔北海道科学大―改〕

□ **81**　a を実数とし，2つの方程式

$x^2-2x+a=0$ ……(i)　　$\dfrac{9}{4}x^2+3ax-2a+15=0$ ……(ii)

について考える。(i)が実数解をもつような a の値の範囲は $a\leqq$［①］である。(ii)が実数解をもつような a の値の範囲は $a\leqq$［②］，［③］$\leqq a$ である。また，(i)，(ii)がともに実数解をもつような a の値の範囲は $a\leqq$［④］であり，(i)，(ii)のうち少なくとも一方は実数解をもつような a の値の範囲は $a\leqq$［⑤］，［⑥］$\leqq a$ である。〔関西学院大〕

Check

80　$D=0$ として，k の値を求める。

81　(i)，(ii)がともに実数解をもつのは，$D_1\geqq 0$ かつ $D_2\geqq 0$ のときである。

□ **82** 方程式 $x^2-5x+8-\frac{10}{x}+\frac{4}{x^2}=0$ がある。ただし，$x\neq 0$ とする。

$t=x+\frac{2}{x}$ とおくと，方程式は t^2- [①] $t+$ [②] $=0$ と変形され，方程式の実数解は，$x=$ [③] $\pm\sqrt{\text{[④]}}$ である。〔佛教大〕

83 2次方程式 $x^2-2(n-1)x+3n^2-3n-9=0$ が実数解をもつとき，次の問いに答えよ。ただし，n は整数とする。〔法政大一改〕

□(1) n の値をすべて求めよ。

□(2) 解の2乗の和の最大値と最小値を求めよ。

Check | **82** $t=x+\frac{2}{x}$ の両辺を2乗して，与えられた方程式へ代入する。

83 (1) 判別式を D として，$\frac{D}{4}=b'^2-ac\geqq 0$ を，n が整数であることに注意して解く。

(2) $\alpha^2+\beta^2$ を $\alpha+\beta$，$\alpha\beta$ で表す。

24 2次関数と2次方程式 ①

解答 ▸ 別冊 p.17

POINTS

1 2次関数のグラフと x 軸の交点

2次関数 $y=f(x)$ のグラフと x 軸の交点の x 座標は，2次方程式 $f(x)=0$ の解として求めることができる。

2 2次関数のグラフと直線の交点

2次関数 $y=f(x)$ のグラフと直線 $y=ax+b$ の交点の x 座標は，2次方程式 $f(x)=ax+b$ の解として求めることができる。

□ **84** 2次関数 $y=x^2-2ax+(a+2)$ のグラフが x 軸と接するとき，a の値を求めよ。

□ **85** a，b を定数とし，2次関数 $y=3x^2-ax-a-b$ のグラフを C とする。

グラフ C は直線 $x=\dfrac{a}{\boxed{①}}$ を軸とする放物線であり，グラフ C と x 軸とが異なる2つの共有点をもつのは，$b>-\dfrac{a^2+\boxed{②}a}{\boxed{③}}$ のときである。

以下，グラフ C と x 軸とが異なる2つの共有点をもち，その1つの x 座標が1であるとする。このとき，a を用いて b を表すと $b=\boxed{④}a+\boxed{⑤}$ である。また，もう一方の共有点の x 座標は $\dfrac{a-\boxed{⑥}}{\boxed{⑦}}$ であり，これが区間 $-1\leqq x\leqq 0$ に含まれる a の値の範囲は，$\boxed{⑧}\leqq a\leqq\boxed{⑨}$ である。

Check

84 $x^2-2ax+(a+2)=0$ の判別式を利用する。

85 2次方程式 $3x^2-ax-a-b=0$ の判別式を D とするとき，$D>0$ である。

□ **86** 放物線 $y=x^2+2$ と直線 $y=3x-m$ が接するとき，m の値と接点の座標を求めよ。

□ **87** 2つの放物線 $y=x^2+2$，$y=-x^2$ の両方に接する直線の方程式を求めよ。

□ **88** mを実数とする。関数 $y=|x|(x-4)-x-m$ のグラフがx軸と相異なる3点で交わるような m の値の範囲を求めよ。〔千葉大〕

Check | **87** 直線の方程式を $y=mx+n$ とおく。
88 $y=|x|(x-4)-x$ と $y=m$ のグラフの交点として考える。

25 2次関数と2次方程式 ②

解答 ▸ 別冊 p.18

POINTS

1 放物線と放物線の交点

2次関数 $y=f(x)$ と2次関数 $y=g(x)$ のグラフの交点の x 座標は，方程式 $f(x)=g(x)$ の解として求められる。

□ **89** 2次関数 $y=2x^2-3x+1$ ……① と $y=-x^2-2x$ ……② のグラフの共有点の個数を調べよ。

□ **90** 2つの放物線 $y=x^2$ ……(i) と $y=-x^2+ax+b$ ……(ii) が異なる2つの交点をもつとき，a と b の間に成り立つ関係式は［①］である。その2つの交点の x 座標の差が1であるとき，(ii)の頂点を $(p,\ q)$ として，q を p の式で表せば，$q=$［②］である。

〔立教大一改〕

Check

89 2つの方程式を連立させて解く。

90 連立させてできた2次方程式の2つの解を α，β $(\alpha \leqq \beta)$ としたとき，$\beta-\alpha=1$ である。

□ **91** 放物線 $P_1: y=x^2+4x+1$ と放物線 $P_2: y=-x^2+a$ は，$a>$ ① のとき，異なる2点で交わる。また，$a=$ ① のとき P_1 と P_2 は接し，その接点の座標は（ ② ， ③ ）である。 〔甲南大〕

92 関数 $f(x)=\begin{cases} 0 & (|x|>2 \text{ のとき}) \\ 4-x^2 & (|x| \leqq 2 \text{ のとき}) \end{cases}$ が与えられている。 〔愛知大〕

□(1) $f(x)=f(x-1)$ となる x の値の範囲を求めよ。

□(2) $g(x)=\max\{f(x),\ f(x-1)\}$ のグラフをかけ。ここで，$\max\{a,\ b\}$ は a，b が異なるときは大きいほうを，等しいときは a を表すものとする。

93 a を定数とする。x の方程式 $x^2-ax+1=-x|x|$ ……① について，次の問いに答えよ。 〔岐阜聖徳学園大〕

□(1) $a=0$ であるとき，①は実数解をもたないことを示せ。

□(2) $a<0$ であるとき，①はただ1つの実数解をもつことを示せ。

□(3) ①が実数解をもつための a の値の範囲を求めよ。

Check | **91** グラフの共有点の x 座標は，$x^2+4x+1=-x^2+a$ の解として得られる。

92 (1) $y=f(x-1)$ のグラフは，$y=f(x)$ のグラフを x 軸方向に1だけ平行移動したものである。

93 (2)(3) $y=x^2+x|x|+1$ のグラフと $y=ax$ のグラフの共有点を考える。

26　2次不等式

解答▶別冊 p.19

POINTS

1　2次不等式の解

因数分解を利用する方法（$\alpha \leqq \beta$，$a>0$ のとき）

$a(x-\alpha)(x-\beta) \geqq 0$ の解は，$\boldsymbol{x \leqq \alpha}$，$\boldsymbol{\beta \leqq x}$

$a(x-\alpha)(x-\beta) \leqq 0$ の解は，$\boldsymbol{\alpha \leqq x \leqq \beta}$

（α，β が簡単に求められないときは，2次方程式の解の公式を利用する。）

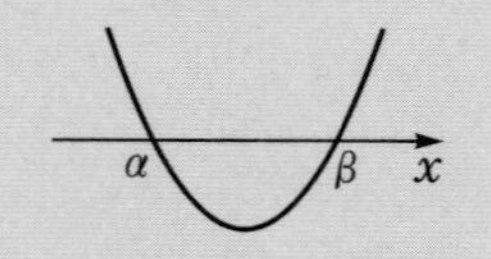

94　2つの不等式①，②について，次の問いに答えよ。　〔神戸女子大〕

$2x^2+x-3>0$ ……①　　$x^2-(a-3)x-2a+2<0$ ……②

□(1)　不等式①を満たす x の値の範囲を求めよ。

□(2)　不等式①と②を同時に満たす整数解がただ1つあるとき，a のとりうる値の範囲を求めよ。

□ **95**　$\dfrac{-x^2+6x+2}{|x^2-6x-2|}=1$ となる x の範囲を求めよ。　〔福岡工業大〕

Check

94 因数分解によって，それぞれの不等式の解を考える。

95 $|x^2-6x-2|=-x^2+6x+2$ となるための条件を考える。

□ **96** 2次不等式 $ax^2+bx+1>0$ の解が $-\frac{1}{4}<x<1$ であるとき，定数a，bの値を求めよ。

□ **97** $a\neq 0$ に対して，$ax^2+1>(a+1)x$ を解くと，$\frac{1}{a}<x<1$ であったという。aの満たすべき範囲を求めよ。

〔藤田衛生保健大〕

□ **98** 2つの方程式 $x^2-2ax+4=0$，$x^2-2ax+2a+3=0$ がある。このうち，少なくとも一方の方程式が解をもつとき，定数aの値の範囲を求めよ。

Check

96 $\alpha<x<\beta$ を解とする2次不等式は，$(x-\alpha)(x-\beta)<0$

97 両辺をaでわるときに，$a>0$ と $a<0$ に場合分けをする。

98 それぞれの方程式の判別式を D_1，D_2 とすると，「$D_1\geqq 0$ または $D_2\geqq 0$」

27 2次関数と2次不等式

解答 ▸ 別冊 p.20

POINTS

1 2次関数のグラフと2次不等式の解

$a>0$ のときの2次関数 $y=ax^2+bx+c$ のグラフと2次不等式 $ax^2+bx+c>0$, $ax^2+bx+c<0$ の解は，次のようにまとめられる。

b^2-4ac の符号	$y=ax^2+bx+c$ のグラフ	$ax^2+bx+c>0$ の解	$ax^2+bx+c<0$ の解
$b^2-4ac>0$	α β x	$x<\alpha$, $\beta<x$	$\alpha<x<\beta$
$b^2-4ac=0$	α x	α以外のすべての実数	解はない
$b^2-4ac<0$	x	すべての実数	解はない

□ **99** 実数xがどんな値をとっても，不等式 $ax^2+(1-2a)x+4a>0$ が常に成り立つような実数aの値の範囲を求めよ。 〔中京大〕

100 2次不等式 $x^2+ax+3-a\geqq 0$ について，次の問いに答えよ。

□(1) $a=1$ のとき，この不等式の解を求めよ。

□(2) $-2\leqq x\leqq 2$ において，この不等式が常に成立するためには，定数aの値はどのような範囲にあればよいか。

Check

99 左辺を $f(x)$ としたとき，$y=f(x)$ のグラフと x 軸の位置関係を考える。

100 (2) $y=x^2+ax+3-a$ のグラフを軸の位置によって場合分けして考える。

□ **101** 2次関数 $y=x^2-2ax+3a^2+a-1$ について，$0 \leqq x \leqq 2$ の範囲で最小値が正となるような a の値の範囲を求めよ。　〔東北学院大〕

102 2つの2次関数 $f(x)=ax^2+bx+c$，$g(x)=px^2+qx+r$ が，$f(-1)=g(-1)=0$，$f(2)=g(2)=3$ を満たすとき，次の問いに答えよ。　〔新潟大〕

□(1) a，b を c で表せ。

□(2) $c<r$ のとき，$-1<x<2$ を満たす x に対して，$f(x)<g(x)$ が成り立つことを示せ。

Check | **101** 頂点の x 座標が，$0 \leqq x \leqq 2$ にある場合と，ない場合に分けて考える。
102 (2) $g(x)-f(x)>0$ を示す。

28　2次不等式の利用

解答▶別冊 p.21

POINTS

1 文章題への利用

変量を文字でおいて2次不等式をつくり，それを解くことで問題に対する適切な解を求める。その際，2次不等式の解を吟味して，題意を満たすものだけを答えるように注意する。

2 次数の高い不等式への利用

次数の高い不等式であっても，文字のおき換えや因数分解を行うことで，2次不等式の考え方が利用できることがある。

103 縦 8 m，横 11 m の長方形の土地がある。この土地の内側に図のような同じ幅の排水路をとり，畑地を造成する。〔金沢工業大〕

□(1) 排水路の幅を x m とすると，畑地の面積は x を用いて，

［ ① ］x^2-［ ② ］$x+$［ ③ ］ $(0<x<4)$ と表される。

□(2) 畑地の面積を 70 m² 以上にするには，排水路の幅を［　　］cm 以下にすればよい。

□ **104** 不等式 $(x^2-2x-11)^2+4(x^2-2x)-76\leqq 0$ を満たす整数のすべての積を求めよ。〔中京大〕

Check

103 2次不等式を解くが，そのときに $0<x<4$ であることに注意する。

104 $x^2-2x=t$ として t の2次不等式を解く。

□ **105** 不等式 $x^2+y^2+z^2 \geqq ax(y-z)$ がすべての実数 x, y, z に対して成り立つように，実数 a の範囲を定めよ。 〔茨城大〕

106 次の問いに答えよ。 〔甲南大〕

□(1) いかなる実数 a に対しても，不等式 $a^4+b^3 \geqq a^3+ab^3$ が成り立つように，実数 b の値を定めよ。

□(2) いかなる整数 a に対しても，不等式 $a^4+b^3 \geqq a^3+ab^3$ が成り立つように，整数 b の値を定めよ。

Check | **105** x の2次不等式と考えて，$D \geqq 0$ これがすべての y, z について成立する条件を考える。

106 (1) 因数分解したのち，$a^2+ab+b^2 \geqq 0$ を利用する。

29　2次方程式の解の存在範囲

解答▶別冊 p.22

POINTS

1　2次方程式の解の存在範囲

2次関数 $y=f(x)$ のグラフを利用し，軸の位置や定義域の端の値の符号などに注意しながら，そのグラフが満たすべき条件を考える。

$a>0$ のとき，

①異なる2つの正の解　②異符号の2つの解　③ $x=a$ と，$x=b$ の間の解

$D>0$，軸 >0，$f(0)>0$

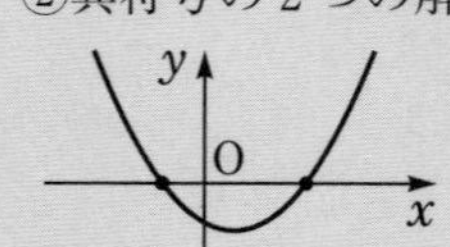

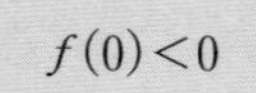

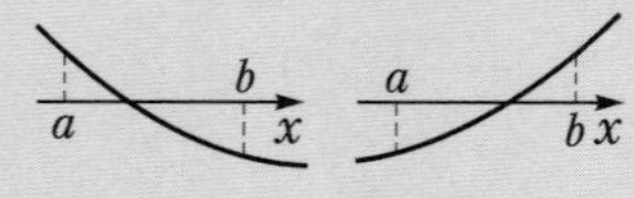

$f(a)\times f(b)<0$

107　2次方程式 $x^2-(q+2)x+q+5=0$ を考える。　〔名古屋学院大〕

□(1)　この方程式が実数解をもつ，q の範囲を求めよ。

□(2)　2つの解がともに正である，q の範囲を求めよ。ただし，重解も「2つの解」と考えることにする。

□ **108**　2次方程式 $x^2+ax+a=0$ が2つの実数の解をもち，その絶対値が1より小さい。このような実数 a の値の範囲を求めよ。　〔信州大〕

Check　**107** (2) $y=x^2-(q+2)x+q+5$ のグラフをかいて考える。
108 $y=x^2+ax+a$ のグラフをかいて考える。

□ **109** $(m-3)x^2+(5-m)x+2(2m-7)=0$ を，異なる２つの実数解をもつ，x についての２次方程式とする。その一方の解が２より大きく，他方の解が２より小さいのは，［①］$<m<$［②］のときである。

〔東京理科大一改〕

□ **110** ２次方程式 $x^2-(a+2)x+3a=0$ が $-1 \leqq x \leqq 1$ に解を１つもつとき，定数 a の値の範囲を求めよ。

Check
109 (i) $m-3>0$ のときは $f(2)<0$，(ii) $m-3<0$ のときは $f(2)>0$
110 $f(1)$ と $f(-1)$ の符号を考える。

30 三角比

解答▶別冊 p.22

POINTS

1 三角比

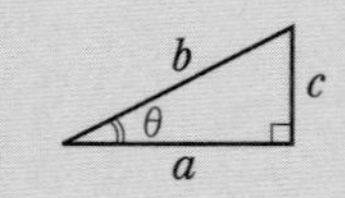

正弦：$\sin\theta=\dfrac{c}{b}$，　余弦：$\cos\theta=\dfrac{a}{b}$，　正接：$\tan\theta=\dfrac{c}{a}$

2 三角比の拡張

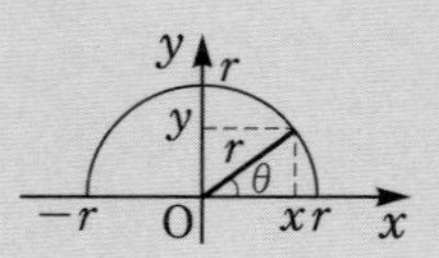

$\sin\theta=\dfrac{y}{r}$，　$\cos\theta=\dfrac{x}{r}$，　$\tan\theta=\dfrac{y}{x}$

111 次の問いに答えよ。〔広島国際学院大〕

□(1) 右の図のような直角三角形がある。θ の正弦，余弦，正接を求めよ。

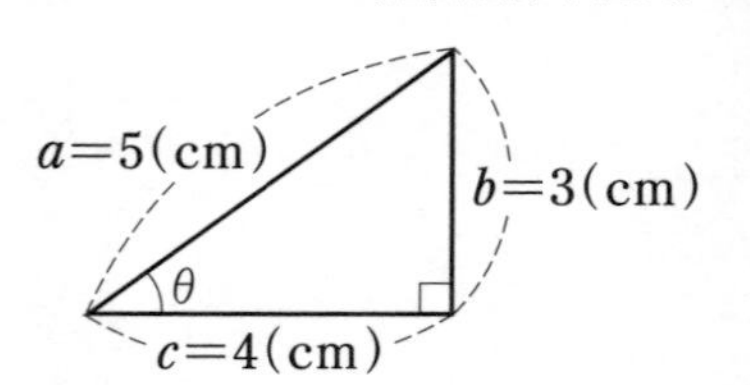

□(2) 右の図の三角形 ABC において，頂点Aから辺 BC に下ろした垂線 AD の長さが 10 cm のとき，辺 BC の長さを三角比を用いて求めよ。

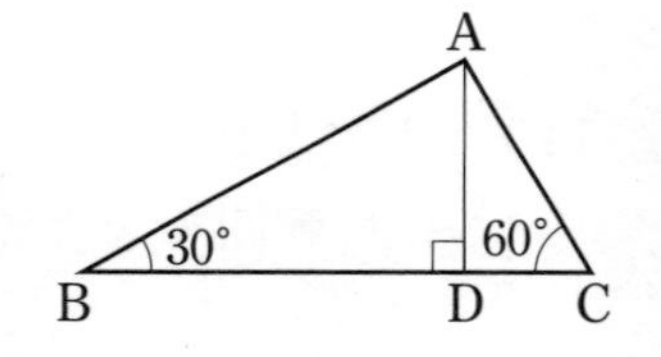

112 右の図を利用して，次の三角比の値を求めよ。

□(1) $\sin 18^\circ$

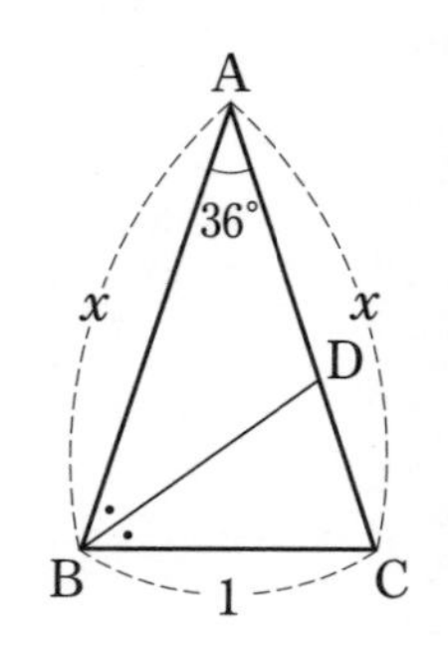

□(2) $\cos 36^\circ$

Check | **111** (2) BD と DC の長さをそれぞれ求める。
112 $\triangle$ABC∽$\triangle$BCD より，x の値を求める。

113 △ABCにおいて，頂角∠A，∠B，∠Cの大きさをそれぞれA，B，Cとする。また，頂点A，B，Cの対辺BC，CA，ABの長さをそれぞれa，b，cとする。a，b，cの間に $\dfrac{a+b}{7}=\dfrac{b+c}{8}=\dfrac{c+a}{9}$ の関係があるとき，次の問いに答えよ。

〔徳島文理大〕

□(1) △ABCはどのような三角形か。

□(2) $\sin A$，$\sin B$および$\sin C$の値を求めよ。

□ **114** △ABCは，AB＝AC＝1 を満たす二等辺三角形である。さらに，正方形PQRSは辺PQがBC上にあり，頂点R，SがそれぞれAC，AB上にある。∠B＝θ とするとき，正方形PQRSの1辺の長さをθを用いて表せ。〔横浜国立大一改〕

Check | **113** (1) $\dfrac{a+b}{7}=\dfrac{b+c}{8}=\dfrac{c+a}{9}=k$ とおく。

114 正方形PQRSの1辺の長さをaとし，辺BCの中点をMとすると，PM＝$\dfrac{a}{2}$，

AM＝$\sin\theta$

31 三角比の相互関係

解答 ▸ 別冊 p.23

POINTS

1 三角比の相互関係

① $\tan\theta=\dfrac{\sin\theta}{\cos\theta}$　② $\sin^2\theta+\cos^2\theta=1$　③ $1+\tan^2\theta=\dfrac{1}{\cos^2\theta}$

□ **115** $\sin\theta=\dfrac{\sqrt{2}}{3}$ のとき，$\cos\theta$ と $\tan\theta$ の値を求めよ。ただし，$90^\circ \leqq \theta \leqq 180^\circ$ とする。

□ **116** $\tan\theta=-\dfrac{1}{2}$ のとき，$\sin\theta$ と $\cos\theta$ の値を求めよ。ただし，$0^\circ \leqq \theta \leqq 180^\circ$ とする。

〔北海道科学大〕

□ **117** $\left(\cos\theta-\dfrac{1}{\cos\theta}\right)^2+\left(\sin\theta-\dfrac{1}{\sin\theta}\right)^2-\left(\tan\theta-\dfrac{1}{\tan\theta}\right)^2$ を簡単にせよ。

Check

115 $\sin^2\theta+\cos^2\theta=1$ を利用して $\cos\theta$ を求める。

116 まず $\cos\theta$ を求め，$\sin\theta=\tan\theta\cdot\cos\theta$ を利用する。

117 $\tan\theta=\dfrac{\sin\theta}{\cos\theta}$ に注意する。

第1章
第2章
第3章
第4章
第5章

118 $\sin\theta+\cos\theta=\dfrac{1}{2}$ ($0°\leqq\theta\leqq180°$) のとき，次の式の値を求めよ。

□(1) $\sin\theta\cos\theta$

□(2) $\sin\theta-\cos\theta$

□(3) $\sin^4\theta-\cos^4\theta$

□(4) $\tan\theta$

119 $\tan\theta=2$ のとき，次の式の値を求めよ。ただし，$0°\leqq\theta\leqq180°$ とする。

□(1) $\dfrac{1}{1+\sin\theta}+\dfrac{1}{1-\sin\theta}$

□(2) $\dfrac{1+2\sin\theta\cos\theta}{\cos^2\theta-\sin^2\theta}$

□ **120** $x\sin\theta+\cos\theta=1$，$y\sin\theta-\cos\theta=1$ のとき，x，y の関係式を求めよ。

Check

118 (2) まず，$(\sin\theta-\cos\theta)^2$ の値を求める。

119 $\tan\theta=\dfrac{\sin\theta}{\cos\theta}$，$1+\tan^2\theta=\dfrac{1}{\cos^2\theta}$ を利用する。

120 $\sin^2\theta+\cos^2\theta=1$ を利用する。

32 三角比の応用

解答 ▸ 別冊 p.25

POINTS

1 三角比の相互関係の利用

三角比の相互関係を用いて式を変形することによって，三角比を含む方程式や不等式，関数についての問題を解決することができる。

□ **121** $\tan^2 35^\circ \cdot \sin^2 55^\circ + \tan^2 55^\circ \cdot \sin^2 35^\circ + (1+\tan^2 35^\circ) \cdot \sin^2 55^\circ$ の値を求めよ。

〔日本工業大〕

□ **122** $0^\circ \leqq \theta \leqq 180^\circ$ のとき，$2\cos^2\theta - \sin\theta = 1$ を解け。

□ **123** $0^\circ < \theta < 180^\circ$ で，$\sin\theta + 5\cos\theta = 5$ のとき，$\tan\theta$ の値を求めよ。 〔兵庫医科大〕

Check

121 35° の三角比にそろえて計算する。

122 $\cos^2\theta = 1 - \sin^2\theta$ を用いて，$\sin\theta$ についての 2 次方程式を解く。

123 まず，はじめに $\cos\theta$ を求める。

□ **124** $2\cos\theta > 3\tan\theta$ を満たす θ の範囲を不等式で表せ。ただし，θ は $0° \leqq \theta < 90°$ の範囲で考えるものとする。 〔神戸女子大〕

□ **125** $0° \leqq \theta \leqq 180°$ のとき，$f(\theta) = 2\cos\theta - 2\sin^2\theta + 4$ とおく。
$\theta =$ [①] のとき $f(\theta)$ は最小値 [②] をとり，$\theta =$ [③] のとき $f(\theta)$ は最大値 [④] をとる。 〔明星大〕

□ **126** x に関する2次方程式 $x^2 + (2\cos\theta)x + \sin^2\theta = 0$ が実数解をもつように θ の範囲を定めよ。ただし，$0° < \theta < 180°$ とする。 〔神戸女子大〕

Check
124 両辺に $\cos\theta$ をかける。
125 $\cos\theta = t$ として，t の2次関数を考える。
126 判別式を利用する。

33 正弦定理・余弦定理 ①

解答▸別冊 p.25

POINTS

1 正弦定理

△ABC の外接円の半径を R としたとき，$\dfrac{a}{\sin A}=\dfrac{b}{\sin B}=\dfrac{c}{\sin C}=2R$

2 余弦定理

$a^2=b^2+c^2-2bc\cdot\cos A$，　$b^2=c^2+a^2-2ca\cdot\cos B$，　$c^2=a^2+b^2-2ab\cdot\cos C$

$\cos A=\dfrac{b^2+c^2-a^2}{2bc}$，　$\cos B=\dfrac{c^2+a^2-b^2}{2ca}$，　$\cos C=\dfrac{a^2+b^2-c^2}{2ab}$

127 四角形 ABCD において，∠A＝90°，∠B＝120°，AB＝3，BC＝5，AD＝$3\sqrt{3}$ とする。このとき，次の値を求めよ。 〔福井工業大一改〕

□(1) ∠CBD　　□(2) CD

□(3) sin∠BCD

□ **128** △ABC において，$\sin A:\sin B:\sin C=5:6:7$ とする。最大角を θ とするとき，$\cos\theta$ の値を求めよ。 〔日本工業大〕

Check

127 △ABD と △BDC に分けて考える。

128 正弦定理より，$\sin A:\sin B:\sin C=a:b:c$ がわかる。

□ **129** △ABC において，AB=5，BC=8，CA=7 のとき，∠A の二等分線と BC の交点をDとすれば，AD= ① ，BD= ② である。〔日本工業大〕

第1章 第2章 第3章 第4章 第5章

□ **130** 半径3の円周上に，相異なる3点 A，B，C をとり，AB=5，AC=2 とする。このとき，線分 BC の長さは ① または ② である。〔北里大〕

□ **131** 半径 R の円に内接する四角形 ABCD において，AB=AD=8，BC=7，∠ABC=120° とする。
このとき，AC= ① ，R= ② であり，また，sin∠ACD= ③ である。
〔大阪産業大〕

Check
129 AB：AC=BD：DC
130 正弦定理より $\sin B$ を求め，余弦定理から BC の長さを求める。
131 半径 R の円は，△ABC，△ACD の外接円になっている。

34 正弦定理・余弦定理 ②

解答 ▸ 別冊 p.26

POINTS

1 鋭角，直角，鈍角

余弦定理から，△ABC の角の大きさについて次のことがわかる。

$\angle \mathrm{A}=90° \iff a^2=b^2+c^2$　　$\angle \mathrm{A}<90° \iff a^2<b^2+c^2$　　$\angle \mathrm{A}>90° \iff a^2>b^2+c^2$

2 三角形の形状

正弦定理や余弦定理を用いて三角形の辺の長さについての関係式を導くことで，その三角形の形状を知ることができる場合がある。

132 3 辺の長さが 3，4，x である三角形について，次の問いに答えよ。

□(1) 直角三角形になるための x の値を求めよ。

□(2) 鋭角三角形になるための x の値の範囲を求めよ。

133 △ABC において次の関係式が成り立つとき，△ABC はどのような三角形か。

□(1) $\sin A-2\cos B\sin C=0$

□(2) $\sin C(\cos A+\cos B)=\sin A+\sin B$　　〔東京理科大〕

Check

132 a，b，c が三角形の 3 辺 $\iff |b-c|<a<b+c$

133 正弦定理や余弦定理を用いて，辺の関係式を導く。

□ **134** △ABC が $\dfrac{\mathrm{BC}}{\mathrm{AB}}=\dfrac{\mathrm{CA}}{\mathrm{BC}}$，$\mathrm{CA}<\mathrm{BC}<\mathrm{AB}$，$\mathrm{AB}=2$ を満たすとき，BC の値の範囲を求めると，［①］である。
さらに，$4\cos A=\mathrm{BC}^2+1$ が成り立つとき，BC＝［②］である。〔福岡大〕

□ **135** 三角形の 3 辺 a，b，c に，次の関係がある。
$4b=a^2-2a-3$，　$4c=a^2+3$
この三角形の最大の長さの辺に対する角の大きさは 30° の何倍か。〔自治医科大〕

Check | **134** 三角形においては，(最大辺の長さ)＜(他の 2 辺の長さの和) であることに注意する。
135 まず，辺の長さを比べる。

35 図形の面積

解答 ▸ 別冊 p.27

POINTS

1 2辺の長さとその間の角の大きさが与えられている △ABC の面積

$$S=\frac{1}{2}bc\sin A=\frac{1}{2}ca\sin B=\frac{1}{2}ab\sin C$$

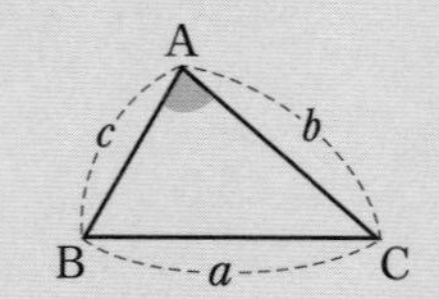

2 円に内接する △ABC の面積

$$S=\frac{1}{2}bc\sin A=\frac{abc}{4R}$$ （Rは外接円の半径）

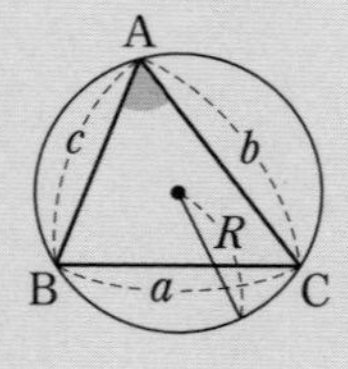

3 円に外接する △ABC の面積

$$S=\frac{1}{2}r(a+b+c)$$ （rは内接円の半径）

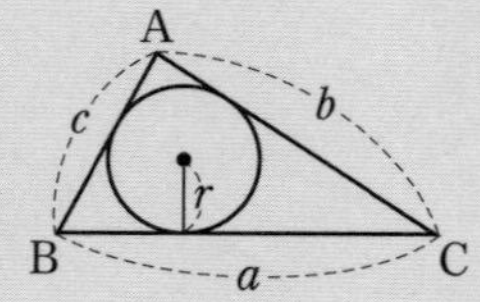

136 三角形の3辺の長さをa，b，c，その面積，内接円の半径および外接円の半径をそれぞれS，r，Rとするとき，次の関係が成り立つことを証明せよ。

□(1) $r=\dfrac{2S}{a+b+c}$　　□(2) $R=\dfrac{abc}{4S}$

□ **137** 3辺の長さが3，5，7である三角形の外接円の半径Rと，内接円の半径rを求めよ。

Check | **136** (2) $S=\frac{1}{2}bc\sin A$ であることを利用する。

137 余弦定理より $\cos\theta$ を求め，正弦定理を用いて，Rを求める。また，$r=\dfrac{2S}{a+b+c}$

138 $a=\mathrm{BC}=7$, $b=\mathrm{CA}=8$, $\angle\mathrm{A}=60^\circ$ である $\triangle\mathrm{ABC}$ について，次の問いに答えよ。

〔玉川大〕

□(1) 外接円の半径 R と $\sin B$ の値を求めよ。

□(2) $c=\mathrm{AB}$ を求めるための方程式を立てよ。

□(3) $\triangle\mathrm{ABC}$ が(i)鋭角三角形，(ii)鈍角三角形のとき，それぞれの場合について，c，$\sin C$，$\triangle\mathrm{ABC}$ の面積 S を求めよ。

139 右の図のように，$\mathrm{AB}=\mathrm{BC}=2$，$\mathrm{CD}=3$，$\mathrm{DA}=5$ である四角形 ABCD が円に内接しているとき，次の値を求めよ。

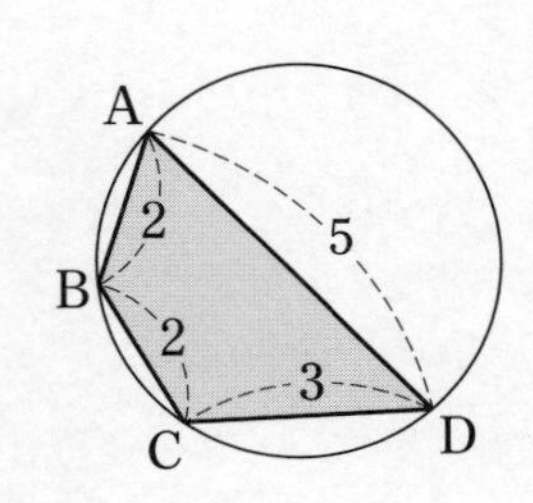

□(1) BD

□(2) 四角形 ABCD の面積

Check **138** (3) $\cos B$ の符号から，B が鋭角，直角，鈍角のいずれかを判断する。
139 (1) $\mathrm{BD}=x$，$\angle\mathrm{BAD}=\theta$ として，$\triangle\mathrm{ABD}$ と $\triangle\mathrm{BCD}$ でそれぞれ余弦定理を用いる。

36 空間図形への利用

解答 ▸ 別冊 p.28

POINTS

1 空間図形の計量

直方体や円錐，四面体などの空間図形の辺の長さ・角度・面積・体積は，適切な平面に注目して，三角比や正弦定理，余弦定理を利用すると，求めることができる。

140 1 辺の長さが a の正四面体 OABC がある。辺 AB の中点を M，2 つの平面 ABC，OAB のなす角を θ とするとき，次のものを求めよ。

□(1) OM

□(2) 正四面体の高さ

□(3) 正四面体の体積

□(4) $\cos\theta$

□(5) 正四面体に内接する球の半径 r

✔Check | **140** (5) 正四面体は，底面が 1 辺 a の正三角形で，高さが r の三角錐が 4 つ集まったものである。

141 右の図のような直方体ABCD-EFGHにおいて，AE＝1，AD＝2，EF＝4 であるとき，次の□にあてはまる数を求めよ。〔東海大〕

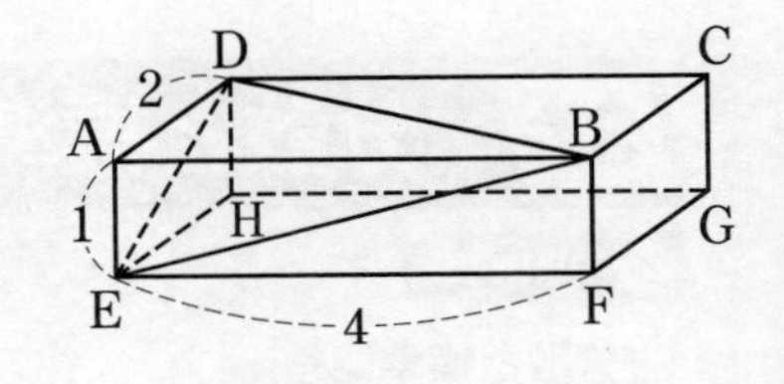

□(1) DE＝ ① ，BD＝ ② ，BE＝ ③ である。

□(2) cos∠BDE＝ ④ ，sin∠BDE＝ ⑤ である。

□(3) 三角形BDE＝ ⑥ である。

□(4) 三角錐ABDEの体積は ⑦ であるから，Aから三角形BDEに下ろした垂線が△BDEと交わる点をKとするとき，AKの長さは ⑧ である。

142 底面の半径が r で，高さが h の円錐の表面積を S，体積を V とする。

□(1) 表面積 S を求めよ。

□(2) 表面積 S が一定の値 A を保つように底面の半径 r と高さ h を変えるとき，体積 V の最大値を求めよ。

Check | **141** (4) $V=\frac{1}{3}\times\triangle\mathrm{BDE}\times\mathrm{AK}$

142 (2) $\frac{A}{\pi}=t$（一定）とおいて，V を r と t の式で表す。

37 分散と標準偏差

解答▸別冊 p.29

POINTS

1 分散と標準偏差

①データ x_1, x_2, ……, x_n の平均値が $\overline{x}$ であるとき，分散 s^2 は，

$$s^2=\frac{1}{n}\{(x_1-\overline{x})^2+(x_2-\overline{x})^2+\cdots\cdots+(x_n-\overline{x})^2\}$$

また，(分散)＝(x^2 の平均値)－(x の平均値)^2 の関係を用いると，

$$s^2=\frac{1}{n}(x_1{}^2+x_2{}^2+\cdots\cdots+x_n{}^2)-(\overline{x})^2$$

②標準偏差 s は，$s=\sqrt{分散}$

□ **143** ある大学で N 人の学生が数学を受験した。その得点を x_1, x_2, ……, x_N とする。平均値 $\overline{x}$ および分散 s^2 は各々

$$\overline{x}=\frac{x_1+x_2+\cdots\cdots+x_N}{N}$$

$$s^2=\frac{(x_1-\overline{x})^2+(x_2-\overline{x})^2+\cdots\cdots+(x_N-\overline{x})^2}{N}$$

で与えられる。標準偏差 $s(>0)$ は $s=\sqrt{s^2}$ となる。このとき x 点を取った学生の偏差値は $t=50+10\times\dfrac{x-\overline{x}}{s}$ で与えられる $(x\in\{x_1,\ x_2,\ \cdots\cdots,\ x_N\})$。偏差値は無単位であることに注意せよ。

Y大学で $N=3n$ 人の学生が数学を受験し，たまたま $2n$ 人の学生が a 点，残りの n 人の学生が b 点を取ったとしよう。簡単にするために $a<b$ とする。a 点を取った学生および b 点を取った学生の偏差値を求めよ。 〔横浜市立大〕

144 次の表は，高等学校のある部に入部した 20 人の生徒について，右手と左手の握力(単位 kg)を測定した結果である。測定は 10 人ずつの 2 つのグループについて行われた。ただし，表中の数値はすべて正確な値であり，四捨五入されていないものとする。

Check | **143** 与えられた式を使って，平均値と分散を求めていく。

第1グループ

番号	右手の握力	左手の握力	左右の握力の平均値
1	50	49	49.5
2	52	48	50.0
3	46	50	48.0
4	42	44	43.0
5	43	42	42.5
6	35	36	35.5
7	48	49	48.5
8	47	41	44.0
9	50	50	50.0
10	37	36	36.0
平均値	45.0	44.5	44.75
中央値	46.5	46.0	
分　散	29.00	27.65	

第2グループ

番号	右手の握力	左手の握力	左右の握力の平均値
11	31	34	32.5
12	33	31	32.0
13	48	44	46.0
14	42	38	40.0
15	51	45	48.0
16	49	A	D
17	39	33	36.0
18	45	41	43.0
19	45	B	E
20	47	42	44.5
平均値	43.0	C	41.25
中央値	45.0	40.5	
分　散	41.00	26.25	

以下，小数の形で解答する場合は，指定された桁(けた)数の1つ下の桁を四捨五入し，解答せよ。

□(1)　右手の握力について，20人全員の平均値Mは［①②］.［③］kgで，平均値Mからの偏差の2乗の和を，2つのグループそれぞれについて求めると，第1グループでは［④⑤⑥］であり，第2グループでは420である。したがって，20人全員の右手の握力について，標準偏差Sの値は［⑦］.［⑧］kgである。

□(2)　tを正の実数とする。20人全員の右手の握力の平均値Mと標準偏差Sを用いて，$M-tS$ より大きく $M+tS$ より小さい範囲を考える。
20人全員の中で，右手の握力の値がこの範囲に入っている生徒の人数を$N(t)$とするとき，$N(1)=$［⑨⑩］であり，$N(2)=$［⑪⑫］である。

□(3)　第2グループに属する10人の左手の握力について，平均値Cは［⑬⑭］.［⑮］kgであり，中央値が40.5kgであるから，Aの値は［⑯⑰］kg，Bの値は［⑱⑲］kgである。ただし，Aの値はBの値より大きいものとする。これより，DとEの値も定まる。

Check | **144** (1) データ x_1，x_2，……，x_n の平均値を $\overline{x}$ とするとき，$x_1-\overline{x}$ を偏差という。

38 データの相関

解答▸別冊 p.30

POINTS

1 共分散 S_{xy}

x, y の2つの値の組でできた n 個のデータ $(x_1,\ y_1)$, $(x_2,\ y_2)$, ……, $(x_n,\ y_n)$ に対し，その共分散 S_{xy} は，

$$S_{xy}=\frac{1}{n}\{(x_1-\overline{x})(y_1-\overline{y})+(x_2-\overline{x})(y_2-\overline{y})+\cdots\cdots+(x_n-\overline{x})(y_n-\overline{y})\}$$

2 相関係数

① n 個のデータ $(x_1,\ y_1)$, $(x_2,\ y_2)$, ……, $(x_n,\ y_n)$ に対し，その相関係数 r は，

$$r=\frac{S_{xy}}{S_xS_y}=\frac{\frac{1}{n}\{(x_1-\overline{x})(y_1-\overline{y})+(x_2-\overline{x})(y_2-\overline{y})+\cdots\cdots+(x_n-\overline{x})(y_n-\overline{y})\}}{\sqrt{\frac{1}{n}\{(x_1-\overline{x})^2+(x_2-\overline{x})^2+\cdots+(x_n-\overline{x})^2\}}\sqrt{\frac{1}{n}\{(y_1-\overline{y})^2+(y_2-\overline{y})^2+\cdots+(y_n-\overline{y})^2\}}}$$

（ただし，S_x, S_y はそれぞれ x, y の標準偏差）

②相関係数 r は -1 以上1以下の間の値をとり，1に近いほど正の相関関係が強く，-1 に近いほど負の相関関係が強い。相関関係がないときには r は0に近くなる。

145 右の表は，10名からなるある少人数クラスをⅠ班とⅡ班に分けて，100点満点で2回ずつ実施した数学と英語のテストの得点をまとめたものである。ただし，表中の平均値はそれぞれ1回目と2回目の数学と英語のクラス全体の平均値を表している。また，A, B, C, Dの値はすべて整数とする。以下，小数の形で解答する場合は，指定された桁（けた）数の1つ下の桁を四捨五入し，解答せよ。

		1回目		2回目	
班	番号	数学	英語	数学	英語
Ⅰ	1	40	43	60	54
	2	63	55	61	67
	3	59	B	56	60
	4	35	64	60	71
	5	43	36	C	80
Ⅱ	1	A	48	D	50
	2	51	46	54	57
	3	57	71	59	40
	4	32	65	49	42
	5	34	50	57	69
平均値		45.0	E	58.9	59.0

□(1) 1回目の数学の得点について，Ⅰ班の平均値は［①②］.［③］点である。また，クラス全体の平均値は45.0点であるので，Ⅱ班の1番目の生徒の数学の得点Aは［④⑤］点である。

□(2) Ⅱ班の1回目の数学と英語の得点について，数学と英語の分散はともに101.2である。したがって，相関係数は［⑥］.［⑦⑧］である。

□(3)　1回目の英語の得点について，Ⅰ班の3番目の生徒の得点Bの値がわからないとき，クラス全体の得点の中央値Mの値として［⑨］通りの値があり得る。実際は，1回目の英語の得点のクラス全体の平均値Eが 54.0 点であった。したがって，Bは［⑩⑪］点と定まり，中央値Mは［⑫⑬］.［⑭］点である。

□(4)　2回目の数学の得点について，Ⅰ班の平均値はⅡ班の平均値より 4.6 点大きかった。したがって，Ⅰ班の5番目の生徒の得点CからⅡ班の1番目の生徒の得点Dを引いた値は［⑮］点である。

□(5)　1回目のクラス全体の数学と英語の得点の相関図(散布図)は，［⑯］であり，2回目のクラス全体の数学と英語の得点の相関図は，［⑰］である。また，1回目のクラス全体の数学と英語の得点の相関係数を r_1，2回目のクラス全体の数学と英語の得点の相関係数を r_2 とするとき，値の組 $(r_1,\ r_2)$ として正しいのは［⑱］である。

［⑯］，［⑰］に当てはまるものを，それぞれ次のア～エのうちから1つずつ選べ。

ア
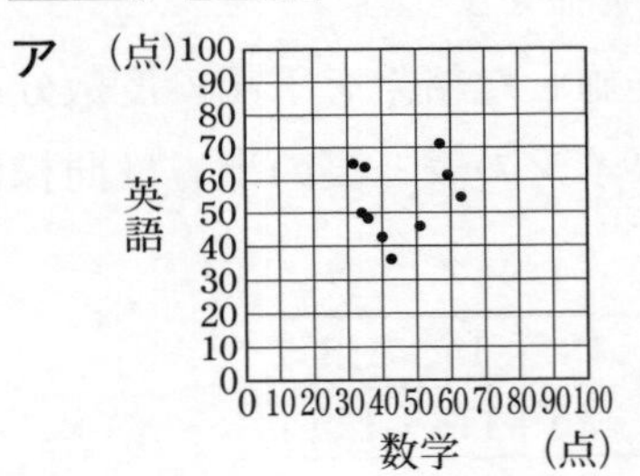

イ
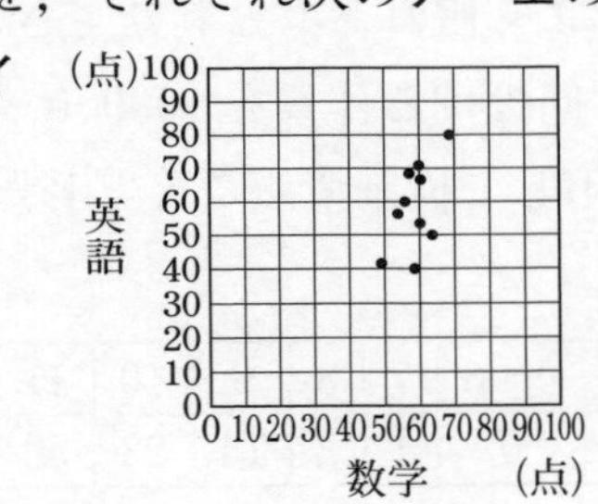

ウ
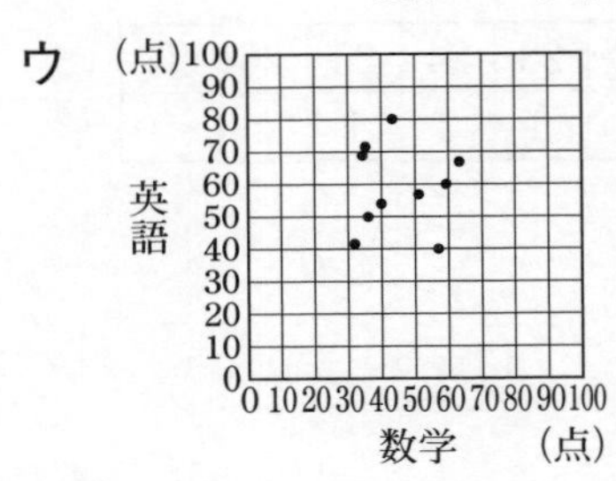

エ
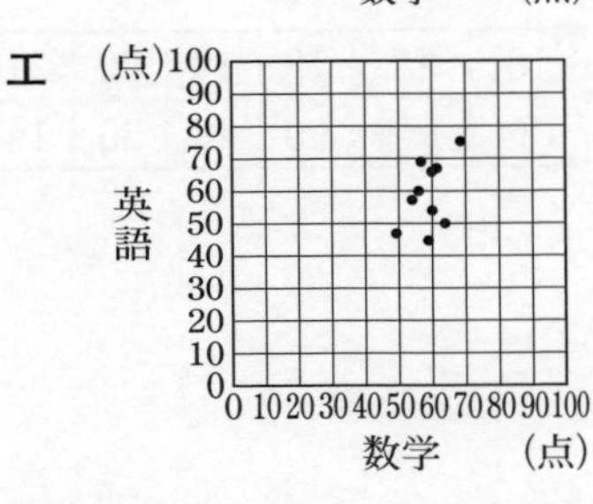

また，［⑱］に当てはまるものを，次のア～エのうちから1つ選べ。

ア　(0.54，0.20)　イ　(−0.54，0.20)　ウ　(0.20，0.54)　エ　(0.20，−0.54)

Check | **145** (5) 散布図から，r_1 と r_2 の大小関係を判断する。

39 仮説検定

解答▸別冊 p.31

POINTS

1 仮説検定

ある仮説を立てて，その仮説が正しいか否かを実験・調査などに基づいて判断する統計的手法。

2 帰無仮説

仮説検定において，最初に棄却されると予想される仮説を立てること。

□ **146** ある新素材のマットレスを使用した30人に睡眠に関するアンケートを実施したところ，80％にあたる24人が「以前よりよく眠れた」と回答した。この結果に対して，新素材のマットレスを使用するとよく眠ることができると判断してもよいかを以下の手順で判断する。

このマットレスでよく眠ることができるかを考える際に，想定できる理由が2つある。

① マットレスは実際によく眠ることができる。

② アンケートに回答した人が，偶然「以前よりよく眠れた」と回答した。

アンケートに回答した人が，偶然「以前よりよく眠れた」と回答したと仮定し，「このマットレスはよく眠れる」と判断できるか検証せよ。

なお，コインを30回投げる作業を1000セット実施した結果を下記の度数分布表にまとめ，それを利用して検証することとした。コインの表と裏の出方は同様に確からしいものとする。

表が出た回数	0〜6	7	8	9	10	11	12	13	14	15
度数(セット)	0	1	2	14	22	50	63	115	118	145

16	17	18	19	20	21	22	23	24	25	26〜30
134	131	99	46	35	14	5	3	2	1	0

Check | **146** コインを30回投げたとき，表が出た回数のうち，24回以上の出る確率を表から求めて考える。

□ **147** あるサッカー部が全国大会に向けてメンバーを選考することになった。15名のメンバーのうち，14名は決まったものの，あと1人は候補者A，Bの2人のどちらを選ぶべきか判断できない状況にあった。そこで，候補者2人が12回勝負をし，その結果で最終選考をすることにした。
勝負の結果，Bが9勝3敗であった。この結果を受けて，Bの方が実力が上と判断することは正しいと言えるか。
なお，コインを12回投げる作業を1000セット実施した結果を下記の度数分布表にまとめ，それを利用して検証することとした。コインの表と裏の出方は同様に確からしいものとする。また，ある仮説のもとで起こる確率が5%以下のときには，仮説が誤りと判断するものとする。

表の回数	0	1	2	3	4	5	6	7	8	9	10	11	12	合計
度数(セット)	0	4	15	60	135	166	229	196	123	57	14	1	0	1000
相対度数	0.000	0.004	0.015	0.060	0.135	0.166	0.229	0.196	0.123	0.057	0.014	0.001	0.000	1.000

Check | **147** 9回以上表が出たときの相対度数から判定する。

装丁デザイン　ブックデザイン研究所
本文デザイン　未来舎
図　版　デザインスタジオエキス.

本書に関する最新情報は，小社ホームページにある**本書の「サポート情報」**をご覧ください。(開設していない場合もございます。)
なお，この本の内容についての責任は小社にあり，内容に関するご質問は直接小社におよせください。

高校 トレーニングノートβ 数学Ⅰ

編著者　高校教育研究会
発行者　岡本泰治
印刷所　岩岡印刷

発行所　受験研究社

©株式会社 増進堂・受験研究社

〒550-0013 大阪市西区新町2丁目19番15号
注文・不良品などについて：(06)6532-1581(代表)／本の内容について：(06)6532-1586(編集)

注意 本書を無断で複写・複製(電子化を含む)して使用すると著作権法違反となります。

Printed in Japan　高廣製本
落丁・乱丁本はお取り替えします。

ひっぱると，はずして使えます。

Training Note

トレーニングノート β

数学 I

解答・解説

解答・解説

第1章　数と式

1 整式の加減 (p.2～3)

1 (1) $A+B-C$
$=(x^2+8xy-6y^2)+(3x^2+7y^2)-(5xy-2y^2)$
$=x^2+8xy-6y^2+3x^2+7y^2-5xy+2y^2$
$=\mathbf{4x^2+3xy+3y^2}$

(2) $A-2(B+3C)$
$=A-2B-6C$
$=(x^2+8xy-6y^2)-2(3x^2+7y^2)-6(5xy-2y^2)$
$=x^2+8xy-6y^2-6x^2-14y^2-30xy+12y^2$
$=\mathbf{-5x^2-22xy-8y^2}$

(3) $2(A-C)+4(A+C)$
$=2A-2C+4A+4C$
$=6A+2C$
$=6(x^2+8xy-6y^2)+2(5xy-2y^2)$
$=6x^2+48xy-36y^2+10xy-4y^2$
$=\mathbf{6x^2+58xy-40y^2}$

(4) $3(A-B)-2\{B-(3C-2A)\}$
$=3A-3B-2(B-3C+2A)$
$=3A-3B-2B+6C-4A$
$=-A-5B+6C$
$=-(x^2+8xy-6y^2)-5(3x^2+7y^2)$
$\quad+6(5xy-2y^2)$
$=-x^2-8xy+6y^2-15x^2-35y^2+30xy-12y^2$
$=\mathbf{-16x^2+22xy-41y^2}$

2 $3(A-2B)+4(B-C)+2(C-2A)$
$=-A-2B-2C$
$=-(3x^2-4x+1)-2(-4x^2+3)-2(2x^2+5x-7)$
$=-3x^2+4x-1+8x^2-6-4x^2-10x+14$
$=\mathbf{x^2-6x+7}$

☑注意
与えられた式を整理してから，A，B，C に代入する。

3 $A-B=x^2+xy+y^2$ より，
$A=x^2+xy+y^2+B$
$\quad=x^2+xy+y^2+2x^2-2xy+y^2$
$\quad=3x^2-xy+2y^2$
これより，
$A+B=3x^2-xy+2y^2+2x^2-2xy+y^2$
$\quad=\mathbf{5x^2-3xy+3y^2}$

4
$$\begin{array}{rrl} & 2A+B= & 4x^3+7x^2+4x-1 \quad \cdots\cdots ① \\ +) & A-B= & -x^3-4x^2+5x+1 \quad \cdots\cdots ② \\ \hline & 3A\quad = & 3x^3+3x^2+9x \\ & A\quad = & \mathbf{x^3+\ x^2+3x} \end{array}$$

②より，$B=A+x^3+4x^2-5x-1$
$\quad=x^3+x^2+3x+x^3+4x^2-5x-1$
$\quad=\mathbf{2x^3+5x^2-2x-1}$

2 整式の乗法 (p.4～5)

5 (1) $(3x+2y)(3x+5y)=\mathbf{9x^2+21xy+10y^2}$

(2) $(3a-1)^3=\mathbf{27a^3-27a^2+9a-1}$

(3) $(2x-1)(4x^2+2x+1)=(2x)^3-1^3$
$\quad=\mathbf{8x^3-1}$

(4) $(x-2y+1)^2$
$=x^2+(-2y)^2+1^2+2x\cdot(-2y)+2\cdot(-2y)\cdot1$
$\quad+2\cdot1\cdot x$
$=x^2+4y^2+1-4xy-4y+2x$
$=\mathbf{x^2+4y^2-4xy+2x-4y+1}$

(5) $(x-2)^2(x+2)^2(x^2+4)^2$
$=\{(x-2)(x+2)\}^2(x^2+4)^2$
$=(x^2-4)^2(x^2+4)^2$
$=\{(x^2-4)(x^2+4)\}^2$
$=(x^4-16)^2$
$=\mathbf{x^8-32x^4+256}$

6 (1) $(a-b-1)(a+b+1)$
$=\{a-(b+1)\}\{a+(b+1)\}$
$=a^2-(b+1)^2$
$=a^2-(b^2+2b+1)$
$=\mathbf{a^2-b^2-2b-1}$

(2) $(x+2)(x-5)(x-3)(x+4)$
$=(x+2)(x-3)(x-5)(x+4)$
$=(x^2-x-6)(x^2-x-20)$
ここで $x^2-x=A$ として，
(与式)$=(A-6)(A-20)$
$\quad=A^2-26A+120$
$\quad=(x^2-x)^2-26(x^2-x)+120$
$\quad=x^4-2x^3+x^2-26x^2+26x+120$
$\quad=\mathbf{x^4-2x^3-25x^2+26x+120}$

(3) $x^2+2=A$ とすると，
(与式)$=(A+3x)(A-3x)$
$\quad=A^2-9x^2$
$\quad=(x^2+2)^2-9x^2$
$\quad=x^4+4x^2+4-9x^2$
$\quad=\mathbf{x^4-5x^2+4}$

☑注意
(2) x の項が等しくなるように $(x+2)(x-3)$ と $(x-5)(x+4)$ を先に計算する。

7 $\left(ax^2+bx+\dfrac{a+b}{x}\right)^2$

$=a^2x^4+b^2x^2+\dfrac{(a+b)^2}{x^2}+2abx^3+2b(a+b)$

$+2ax(a+b)$

これより，

$2ab=-\dfrac{1}{2}$ ……①，$2b(a+b)=\dfrac{8}{9}$ ……②

②より，$2ab+2b^2=\dfrac{8}{9}$

①を代入し，$-\dfrac{1}{2}+2b^2=\dfrac{8}{9}$　$b^2=\dfrac{25}{36}$

①と $a>0$ から，$b<0$　よって，$b=-\dfrac{5}{6}$

①より，$a=\dfrac{3}{10}$

3 因数分解 ①　(p.6〜7)

8 (1) $x^2-2x=t$ とおくと，

(与式)$=t^2-11t+24$

$=(t-3)(t-8)$

$=(x^2-2x-3)(x^2-2x-8)$

$=\boldsymbol{(x+1)(x-3)(x+2)(x-4)}$

(2) $x^2+2x=t$ とおくと，

(与式)$=(t-30)(t-8)-135$

$=t^2-38t+240-135$

$=t^2-38t+105$

$=(t-3)(t-35)$

$=(x^2+2x-3)(x^2+2x-35)$

$=\boldsymbol{(x-1)(x+3)(x-5)(x+7)}$

9 (1) $2x^2+7xy+6y^2=\boldsymbol{(2x+3y)(x+2y)}$

(2) $abx^2-(a^2+b^2)x+ab=\boldsymbol{(ax-b)(bx-a)}$

(3) $x^2+2xy+y^2+2x+2y-8$

$=(x+y)^2+2(x+y)-8$

$=\boldsymbol{(x+y+4)(x+y-2)}$

(4) $2x^2+5xy+3y^2-3x-5y-2$

$=2x^2+(5y-3)x+(3y^2-5y-2)$

$=2x^2+(5y-3)x+(3y+1)(y-2)$

$=\boldsymbol{(2x+3y+1)(x+y-2)}$

2	$3y+1$	⟶	$3y+1$
1	$y-2$	⟶	$2y-4$
2	$(3y+1)(y-2)$		$5y-3$

4 因数分解 ②　(p.8〜9)

10 (1) $(x-4)(x-2)(x+1)(x+3)+24$

$=(x-4)(x+3)(x-2)(x+1)+24$

$=(x^2-x-12)(x^2-x-2)+24$

$x^2-x=t$ とおくと，

(与式)$=(t-12)(t-2)+24$

$=t^2-14t+24+24$

$=t^2-14t+48$

$=(t-6)(t-8)$

$=(x^2-x-6)(x^2-x-8)$

$=\boldsymbol{(x+2)(x-3)(x^2-x-8)}$

(2) $a(b^2-c^2)+b(c^2-a^2)+c(a^2-b^2)$

$=(c-b)a^2-(c^2-b^2)a+bc^2-b^2c$

$=(c-b)a^2-(c-b)(c+b)a+bc(c-b)$

$=(c-b)\{a^2-(c+b)a+bc\}$

$=(c-b)(a-b)(a-c)$

$=\boldsymbol{(a-b)(b-c)(c-a)}$

(3) $x^4+4=x^4+4x^2+4-4x^2$

$=(x^2+2)^2-4x^2$

$=(x^2+2)^2-(2x)^2$

$=(x^2+2+2x)(x^2+2-2x)$

$=\boldsymbol{(x^2+2x+2)(x^2-2x+2)}$

☑注意

(2)文字が2種類以上ある因数分解では，次数の最も低い文字について整理する。

11 (1) $a^3b-ab^3+b^3c-bc^3+c^3a-ca^3$

$=(b-c)a^3-(b^3-c^3)a+bc(b^2-c^2)$

$=(b-c)a^3-(b-c)(b^2+bc+c^2)a$

$+bc(b-c)(b+c)$

$=(b-c)\{a^3-(b^2+bc+c^2)a+bc(b+c)\}$

$=(b-c)(a^3-ab^2-abc-ac^2+b^2c+bc^2)$

$=(b-c)\{(b-a)c^2+(b^2-ab)c+a(a^2-b^2)\}$

$=(b-c)\{(b-a)c^2+(b-a)bc$

$-(b-a)(a+b)a\}$

$=(b-c)(b-a)\{c^2+bc-a(a+b)\}$

$=(b-c)(b-a)(c^2+bc-a^2-ab)$

$=(b-c)(b-a)\{b(c-a)+c^2-a^2\}$

$=(b-c)(b-a)\{b(c-a)+(c-a)(c+a)\}$

$=(b-c)(b-a)(c-a)(a+b+c)$

$=(a-b)(a-c)(b-c)\boldsymbol{(a+b+c)}$ ……①

(2) (1)の結果より，

$\dfrac{a^3}{(a-b)(a-c)}+\dfrac{b^3}{(b-c)(b-a)}$

$+\dfrac{c^3}{(c-a)(c-b)}$

$=\dfrac{a^3(b-c)+b^3(c-a)+c^3(a-b)}{(a-b)(a-c)(b-c)}$

$=\dfrac{(a-b)(a-c)(b-c)(a+b+c)}{(a-b)(a-c)(b-c)}$

$=\boldsymbol{a+b+c}$ ……②

12 (1) $x^3+y^3+z^3-3xyz$

$=(x+y)^3-3xy(x+y)+z^3-3xyz$

$=(x+y)^3+z^3-3xy(x+y+z)$

$=(x+y+z)^3-3(x+y)z(x+y+z)$

$-3xy(x+y+z)$

$=(x+y+z)\{(x+y+z)^2-3(x+y)z-3xy\}$

$=(x+y+z)(x^2+y^2+z^2+2xy+2yz+2zx$
$-3xz-3yz-3xy)$
$=\boldsymbol{(x+y+z)(x^2+y^2+z^2-xy-yz-zx)}$

(2) $1+8t^3+27s^3-18st$
$=(3s)^3+(2t)^3+1^3-3\cdot 3s\cdot 2t\cdot 1$
$=\boldsymbol{(3s+2t+1)(9s^2+4t^2+1-6st-2t-3s)}$

5 実 数 (p.10〜11)

13 (1)正しくない。
反例：$a=5$, $b=1$, $c=\sqrt{5}$, $d=\sqrt{5}$

(2)正しい。
(理由) b, d を整数，a, c を正の整数とすると，
2つの有理数は $\dfrac{b}{a}$, $\dfrac{d}{c}$ と表される。
その和は，$\dfrac{b}{a}+\dfrac{d}{c}=\dfrac{bc+ad}{ac}$ となり，これは有理数である。

(3)正しくない。
反例：$\sqrt{3}\times\sqrt{3}=3$

14 $x=1.\dot{4}\dot{6}$ とすると，
$100x=146.4646\cdots$
$-)\quad x=1.4646\cdots$
$99x=145$
$x=\dfrac{145}{99}$

これより，$1.\dot{4}\dot{6}=\boldsymbol{\dfrac{145}{99}}$ ……①

同様に，$2.\dot{7}=\dfrac{25}{9}$

よって，

$1.\dot{4}\dot{6}+2.\dot{7}=\dfrac{145}{99}+\dfrac{25}{9}=\dfrac{420}{99}=4.2424\cdots$

ゆえに，$1.\dot{4}\dot{6}+2.\dot{7}=\boldsymbol{4.\dot{2}\dot{4}}$ ……②

15 (1) $1\leqq x<3$ のとき，$x-1\geqq 0$, $3-x>0$ であるから，
$|x-1|-2|3-x|=(x-1)-2(3-x)$
$=x-1-6+2x$
$=\boldsymbol{3x-7}$

(2) $x<-5$ の場合，$x+2<0$, $x-1<0$, $2x-5<0$
より，$|x+2|-|x-1|+3|2x-5|$
$=-(x+2)+(x-1)-3(2x-5)$
$=-x-2+x-1-6x+15$
$=\boldsymbol{-6x+12}$ ……①

$1<x<2$ の場合，$x+2>0$, $x-1>0$, $2x-5<0$
より，$|x+2|-|x-1|+3|2x-5|$
$=(x+2)-(x-1)-3(2x-5)$
$=x+2-x+1-6x+15$
$=\boldsymbol{-6x+18}$ ……②

16 $x^2+2xy+2y^2-4y+4$
$=x^2+2xy+y^2+y^2-4y+4$
$=(x+y)^2+(y-2)^2$
よって，$(x+y)^2+(y-2)^2=0$
したがって，$x+y=0$ かつ $y-2=0$
これより，$\boldsymbol{x=-2,\ y=2}$

☑注意
実数 A, B について，$A^2\geqq 0$, $B^2\geqq 0$ であり，
$A^2+B^2=0$ ならば $A=B=0$ が成立する。

6 根号を含む式の計算 ① (p.12〜13)

17 (1) (与式)
$=\{(\sqrt{2})^3-3(\sqrt{2})^2\cdot\sqrt{3}+3\cdot\sqrt{2}\cdot(\sqrt{3})^2-(\sqrt{3})^3\}$
$-\{(2\sqrt{2})^2+2\cdot 2\sqrt{2}\cdot 1+1^2\}$
$=(2\sqrt{2}-6\sqrt{3}+9\sqrt{2}-3\sqrt{3})-(8+4\sqrt{2}+1)$
$=\boldsymbol{7\sqrt{2}-9\sqrt{3}-9}$

(2) (与式) $=\dfrac{2(\sqrt{3}-1)}{(\sqrt{3}+1)(\sqrt{3}-1)}+\dfrac{2(\sqrt{5}-\sqrt{3})}{(\sqrt{5}+\sqrt{3})(\sqrt{5}-\sqrt{3})}$
$+\dfrac{2(\sqrt{7}-\sqrt{5})}{(\sqrt{7}+\sqrt{5})(\sqrt{7}-\sqrt{5})}$
$=\dfrac{2(\sqrt{3}-1)}{2}+\dfrac{2(\sqrt{5}-\sqrt{3})}{2}+\dfrac{2(\sqrt{7}-\sqrt{5})}{2}$
$=\boldsymbol{\sqrt{7}-1}$

(3) (与式) $=\dfrac{1+\sqrt{2}+\sqrt{3}}{(1+\sqrt{2}-\sqrt{3})(1+\sqrt{2}+\sqrt{3})}$
$=\dfrac{1+\sqrt{2}+\sqrt{3}}{(1+\sqrt{2})^2-(\sqrt{3})^2}$
$=\dfrac{1+\sqrt{2}+\sqrt{3}}{2\sqrt{2}}$
$=\dfrac{\sqrt{2}(1+\sqrt{2}+\sqrt{3})}{4}$
$=\boldsymbol{\dfrac{2+\sqrt{2}+\sqrt{6}}{4}}$

(4) (与式) $=\{(\sqrt{3}+\sqrt{2})^2+(\sqrt{3}-\sqrt{2})^2\}$
$\cdot\{(\sqrt{3}+\sqrt{2})^2-(\sqrt{3}-\sqrt{2})^2\}$
$=(5+2\sqrt{6}+5-2\sqrt{6})(5+2\sqrt{6}-5+2\sqrt{6})$
$=10\times 4\sqrt{6}$
$=\boldsymbol{40\sqrt{6}}$

(5) (与式) $=\{(\sqrt{3}+\sqrt{2})+1\}\{(\sqrt{3}+\sqrt{2})-1\}$
$\cdot\{(\sqrt{3}-\sqrt{2})+1\}\{(\sqrt{3}-\sqrt{2})-1\}$
$=\{(\sqrt{3}+\sqrt{2})^2-1\}\{(\sqrt{3}-\sqrt{2})^2-1\}$
$=(5+2\sqrt{6}-1)(5-2\sqrt{6}-1)$
$=(4+2\sqrt{6})(4-2\sqrt{6})$
$=4^2-(2\sqrt{6})^2$
$=\boldsymbol{-8}$

18 (1) $\sqrt{14+8\sqrt{3}}=\sqrt{14+2\sqrt{48}}$
$=\sqrt{8}+\sqrt{6}$
$=\mathbf{2\sqrt{2}+\sqrt{6}}$

(2) $\sqrt{5+\sqrt{21}}-\sqrt{5-\sqrt{21}}=\dfrac{\sqrt{10+2\sqrt{21}}}{\sqrt{2}}-\dfrac{\sqrt{10-2\sqrt{21}}}{\sqrt{2}}$
$=\dfrac{\sqrt{7}+\sqrt{3}}{\sqrt{2}}-\dfrac{\sqrt{7}-\sqrt{3}}{\sqrt{2}}$
$=\dfrac{2\sqrt{3}}{\sqrt{2}}$
$=\mathbf{\sqrt{6}}$

☑注意
2重根号を含む式は，次のように変形することができる。
$a>b>0$ のとき，
$\sqrt{(a+b)+2\sqrt{ab}}=\sqrt{(\sqrt{a}+\sqrt{b})^2}=\sqrt{a}+\sqrt{b}$
$\sqrt{(a+b)-2\sqrt{ab}}=\sqrt{(\sqrt{a}-\sqrt{b})^2}=\sqrt{a}-\sqrt{b}$

19 $3\sqrt{a^2-4a+4}-2\sqrt{a^2+6a+9}+4\sqrt{a^2}$
$=3\sqrt{(a-2)^2}-2\sqrt{(a+3)^2}+4\sqrt{a^2}$
$=3|a-2|-2|a+3|+4|a|$
$-3<a<0$ であるから，
(与式)$=-3(a-2)-2(a+3)-4a$
$=-3a+6-2a-6-4a$
$=\mathbf{-9a}$

7 根号を含む式の計算 ② (p.14〜15)

20 (1) $x+y=\dfrac{2-\sqrt{3}}{2+\sqrt{3}}+\dfrac{2+\sqrt{3}}{2-\sqrt{3}}$
$=\dfrac{(2-\sqrt{3})^2+(2+\sqrt{3})^2}{(2+\sqrt{3})(2-\sqrt{3})}$
$=\dfrac{7-4\sqrt{3}+7+4\sqrt{3}}{4-3}$
$=\mathbf{14}$

$xy=\dfrac{2-\sqrt{3}}{2+\sqrt{3}}\cdot\dfrac{2+\sqrt{3}}{2-\sqrt{3}}$
$=\mathbf{1}$

(2) $x^2+y^2=(x+y)^2-2xy$
$=14^2-2\cdot1$
$=\mathbf{194}$

(3) $x^3+y^3=(x+y)^3-3xy(x+y)$
$=14^3-3\cdot1\cdot14$
$=2744-42$
$=\mathbf{2702}$

(4) $x=\dfrac{(2-\sqrt{3})^2}{(2+\sqrt{3})(2-\sqrt{3})}$
$=7-4\sqrt{3}$

$y=\dfrac{(2+\sqrt{3})^2}{(2-\sqrt{3})(2+\sqrt{3})}$
$=7+4\sqrt{3}$
$x<y$ であるから，
$|x-y|=-(x-y)$
$=y-x$
$=(7+4\sqrt{3})-(7-4\sqrt{3})$
$=\mathbf{8\sqrt{3}}$

☑注意
式の値を計算するとき，次の変形がよく用いられる。
・$x^2+y^2=(x+y)^2-2xy$
・$x^3+y^3=(x+y)^3-3xy(x+y)$
・$x^3+y^3=(x+y)(x^2-xy+y^2)$
これらの式の値を求めるときは，$x+y$，xy の値を先に計算しておくとよい。

21 $x+2a=a^2+1+2a=(a+1)^2$
$x-2a=a^2+1-2a=(a-1)^2$
よって，
$\sqrt{x+2a}+\sqrt{x-2a}=\sqrt{(a+1)^2}+\sqrt{(a-1)^2}$
$=|a+1|+|a-1|$
$=|\sqrt{6}-2+1|+|\sqrt{6}-2-1|$
$=|\sqrt{6}-1|+|\sqrt{6}-3|$
$=(\sqrt{6}-1)-(\sqrt{6}-3)$
$=\mathbf{2}$

22 (1) $x^2+\dfrac{1}{x^2}=\left(x-\dfrac{1}{x}\right)^2+2$
$=(2\sqrt{2})^2+2$
$=\mathbf{10}$

(2) $\left(x+\dfrac{1}{x}\right)^2=x^2+\dfrac{1}{x^2}+2$
$=10+2$
$=12$
ここで，$x<0$ より，$x+\dfrac{1}{x}<0$
よって，$x+\dfrac{1}{x}=\mathbf{-2\sqrt{3}}$

23 $\dfrac{2}{\sqrt{3}-1}=\dfrac{2(\sqrt{3}+1)}{(\sqrt{3}-1)(\sqrt{3}+1)}$
$=\sqrt{3}+1$
ここで，$1<\sqrt{3}<2$ より，$2<\sqrt{3}+1<3$
したがって，$a=2$
$b=(\sqrt{3}+1)-2=\sqrt{3}-1$
よって，
$a^2+ab+b^2=2^2+2(\sqrt{3}-1)+(\sqrt{3}-1)^2$
$=4+2\sqrt{3}-2+(4-2\sqrt{3})$
$=\mathbf{6}$

$$\frac{1}{a-b-1}-\frac{1}{a+b+1}=\frac{a+b+1-(a-b-1)}{(a-b-1)(a+b+1)}$$
$$=\frac{2b+2}{(a-b-1)(a+b+1)}$$
$$=\frac{2(\sqrt{3}-1)+2}{(2-\sqrt{3}+1-1)(2+\sqrt{3}-1+1)}$$
$$=\frac{2\sqrt{3}}{(2-\sqrt{3})(2+\sqrt{3})}$$
$$=\mathbf{2\sqrt{3}}$$

8 1次不等式 (p.16〜17)

24 (1) $\frac{2x-1}{3}+5\geqq\frac{x}{2}$

$2(2x-1)+30\geqq 3x$

$4x-2+30\geqq 3x$

$\boldsymbol{x\geqq -28}$

(2)(i) $5-2x\geqq 0$ すなわち $x\leqq\frac{5}{2}$ のとき

$5-2x\leqq 3$

$x\geqq 1$

よって, $1\leqq x\leqq\frac{5}{2}$

(ii) $5-2x<0$ すなわち $\frac{5}{2}<x$ のとき

$-(5-2x)\leqq 3$

$x\leqq 4$

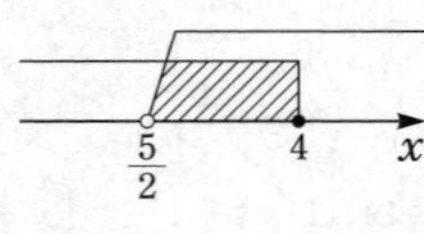

よって, $\frac{5}{2}<x\leqq 4$

(i), (ii)より, $\boldsymbol{1\leqq x\leqq 4}$

(3) $\begin{cases} 3(x+2)<5x+\frac{x-3}{2} & \cdots\cdots① \\ \frac{x-2}{5}\geqq\frac{x-4}{2} & \cdots\cdots② \end{cases}$

①より, $6(x+2)<10x+(x-3)$

$6x+12<11x-3$

$x>3$ ……①′

②より,

$2(x-2)\geqq 5(x-4)$

$2x-4\geqq 5x-20$

$x\leqq\frac{16}{3}$ ……②′

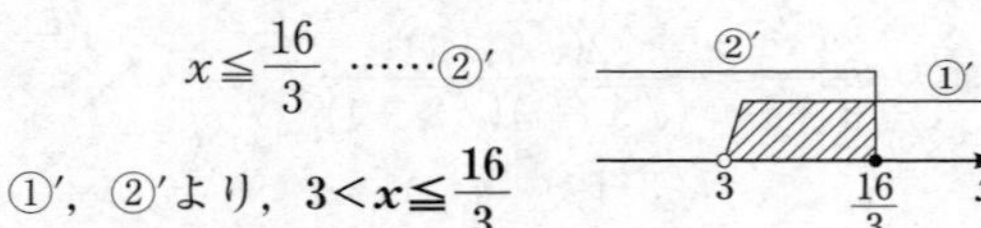

①′, ②′より, $\boldsymbol{3<x\leqq\frac{16}{3}}$

(4)(i) $x<-2$ のとき

$-(x-2)-3(x+2)<10$

$-4x-4<10$

$x>-\frac{7}{2}$

よって, $-\frac{7}{2}<x<-2$

(ii) $-2\leqq x<2$ のとき

$-(x-2)+3(x+2)<10$

$2x+8<10$

$x<1$

よって, $-2\leqq x<1$

(iii) $2\leqq x$ のとき

$(x-2)+3(x+2)<10$

$4x+4<10$

$x<\frac{3}{2}$

よって, 解なし

(i)〜(iii)より, $\boldsymbol{-\frac{7}{2}<x<1}$

(5)(i) $x<0$ のとき

$-(x-1)-2x=2-x$

$-3x+1=2-x$

$x=-\frac{1}{2}$ (これは $x<0$ を満たす)

(ii) $0\leqq x<1$ のとき

$-(x-1)+2x=2-x$

$x+1=2-x$

$x=\frac{1}{2}$ (これは $0\leqq x<1$ を満たす)

(iii) $1\leqq x$ のとき

$(x-1)+2x=2-x$

$3x-1=2-x$

$x=\frac{3}{4}$

(これは $x\geqq 1$ を満たさないので, 不適)

(i)〜(iii)より, $\boldsymbol{x=-\frac{1}{2},\ x=\frac{1}{2}}$

25 $\begin{cases} ax<\frac{4x-b}{-2} & \cdots\cdots① \\ \frac{4x-b}{-2}<2x & \cdots\cdots② \end{cases}$

②より, $4x-b>-4x$

$8x>b$

$x>\frac{b}{8}$

①より, $-2ax>4x-b$

$(4+2a)x<b$

連立不等式の解が $1<x<4$ であることから,

$\begin{cases} \frac{b}{8}=1 & \cdots\cdots③ \\ 2a+4>0 & \cdots\cdots④ \\ \frac{b}{2a+4}=4 & \cdots\cdots⑤ \end{cases}$

③より, $b=8$

⑤より, $\frac{8}{2a+4}=4$　$a=-1$ (これは④を満たす)

よって, $\boldsymbol{a=-1,\ b=8}$

> ☑注意
> $A<B<C$ は連立不等式 $\begin{cases} A<B \\ B<C \end{cases}$ を解く。

26 $\dfrac{1}{2-\sqrt{3}}=\dfrac{2+\sqrt{3}}{(2-\sqrt{3})(2+\sqrt{3})}=2+\sqrt{3}$

ここで，$1<\sqrt{3}<2$ より，$3<2+\sqrt{3}<4$

したがって，$a=3$，$b=(2+\sqrt{3})-3=\sqrt{3}-1$

よって，不等式は，$\dfrac{1}{2-\sqrt{3}}<\dfrac{6}{3}+\dfrac{k}{\sqrt{3}-1}$

$$2+\sqrt{3}<2+\frac{k}{\sqrt{3}-1}$$

$$k>\sqrt{3}(\sqrt{3}-1)$$

$$\boldsymbol{k>3-\sqrt{3}}$$

27 4年生の部員を x 人とすると，記念品を購入するのに必要な金額は $3000x+6000$(円) である。

これより，

$$\begin{cases} 3400x-(3000x+6000)\geqq 1000 & \cdots\cdots(\mathrm{i}) \\ 2800x-(3000x+6000)+10000\geqq 300 & \cdots\cdots(\mathrm{ii}) \end{cases}$$

(i)より，$400x\geqq 7000$

$$x\geqq\frac{35}{2}$$

(ii)より，$200x\leqq 3700$

$$x\leqq\frac{37}{2}$$

よって，$\dfrac{35}{2}\leqq x\leqq\dfrac{37}{2}$

x は正の整数であるから，$\boldsymbol{x=18}$ ……①

また，$3000x+6000=3000\times 18+6000=60000$

よって，②は **6**

第2章　集合と命題

9 集合 (p.18〜19)

28 図に表してみると右のようになる。

① $\overline{A}\cap\overline{B}=\overline{A\cup B}$

$=\boldsymbol{\{4,\ 7\}}$

② $\overline{A}\cup B=\boldsymbol{\{1,\ 3,\ 4,\ 6,\ 7,\ 8,\ 9\}}$

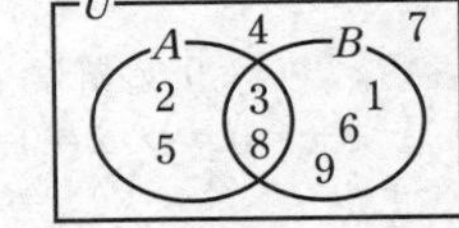

29 (1) $S_1\cup S_2=\boldsymbol{\{1,\ 2,\ 3,\ 4,\ 7,\ 11\}}$

(2) $S_1\cap S_2=\boldsymbol{\{1,\ 2,\ 4\}}$

(3) $S_3\cap S_4$ に3が属するので，$S_3\ni 3$ かつ $S_4\ni 3$

これより，$c=3$ である。

このとき，$S_4=\{1,\ 2,\ 4,\ 3\}$ となる。

$S_3\cup S_4=\{1,\ 2,\ 3,\ 4,\ 5,\ 7\}$ より，$S_3\ni 7$ であるから，$a=7$ または，$b=7$

(i) $a=7$ のとき

$S_3=\{1,\ 5,\ 7,\ b\}$

さらに，$S_3\ni 3$ より，$b=3$

(ii) $b=7$ のとき

$S_3=\{1,\ 5,\ a,\ 7\}$

さらに，$S_3\ni 3$ より，$a=3$

以上より，

$\boldsymbol{a=7,\ b=3,\ c=3}$ **または，** $\boldsymbol{a=3,\ b=7,\ c=3}$

30 集合 A，B を数直線上に表すと，

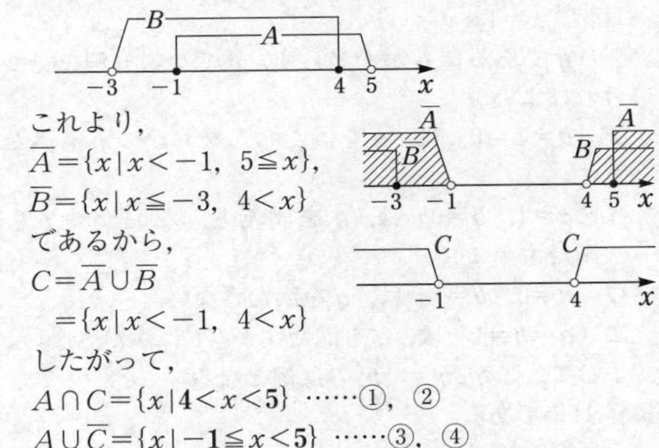

これより，

$\overline{A}=\{x\mid x<-1,\ 5\leqq x\}$，

$\overline{B}=\{x\mid x\leqq -3,\ 4<x\}$

であるから，

$C=\overline{A}\cup\overline{B}$

$=\{x\mid x<-1,\ 4<x\}$

したがって，

$A\cap C=\{x\mid \boldsymbol{4<x<5}\}$ ……①，②

$A\cup\overline{C}=\{x\mid \boldsymbol{-1\leqq x<5}\}$ ……③，④

> ☑注意
> 条件が不等式で表された実数の集合は，数直線上に表して考えるとよい。

31 $A\cap B\ni 4$ より，$A\ni 4$ かつ $B\ni 4$

よって，$5a-a^2=4$

$a^2-5a+4=0$ より，$a=1,\ 4$

$1<4$ より，①……**1**，②……**4**

さらに，$A\cap B=\{4,\ 6\}$ のとき，$B\ni 6$

(i) $a=1$ のとき

$B=\{3,\ 4,\ 2,\ b+1\}$

このとき，$b+1=6$ であるが，

$A\cap B=\{2,\ 4,\ 6\}$ となり，不適。

(ii) $a=4$ のとき

$B=\{3,\ 4,\ 11,\ b+4\}$

このとき，$b+4=6$　すなわち，$b=2$

(これは $A\cap B=\{4,\ 6\}$ となり，適する)

(i)，(ii)より，$\boldsymbol{b=2}$ ……③

ここで，$A=\{2,\ 6,\ 4\}$，$B=\{3,\ 4,\ 11,\ 6\}$ より，

$A\cup B=\{2,\ 3,\ 4,\ 6,\ \boldsymbol{11}\}$ ……④

32 $U=\{1,\ 2,\ 3,\ 4,\ \cdots\cdots,\ 49\}$

$V=\{2,\ 4,\ 6,\ 8,\ \cdots\cdots,\ 48,\ 5,\ 15,\ 25,\ 35,\ 45\}$

$W=\{2,\ 4,\ 6,\ 8,\ \cdots\cdots,\ 48\}$

ここで，

$V=A\cup\overline{B}$，$W=\overline{A}\cap\overline{B}=\overline{A\cup B}$ を図に示すと，下の図のようになり，

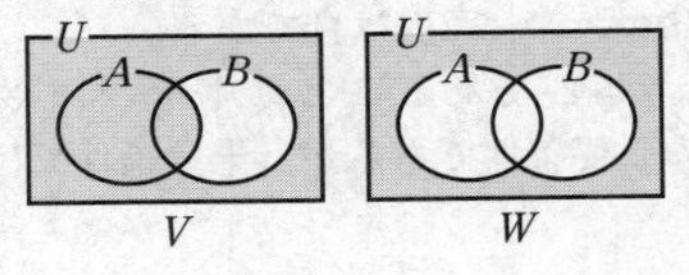

Vの要素からWの要素を除いたものの集合がAである。
つまり，$A=V\cap\overline{W}=\{$**5, 15, 25, 35, 45**$\}$

10 命　題 (p.20〜21)

33 **偽**である。
反例：$x=1,\ y=-1$

34 「qであるにもかかわらず，pでない」例を見つければよい。
ア「$a=b=0$」は，qを満たし，なおかつpも満たす。
イ「$a=1,\ b=0$」は，qを満たし，なおかつpも満たす。
ウ「$a=0,\ b=1$」は，qを満たさない。
エ「$a=b=1$」は，qを満たすが，pは満たさない。
よって，**エ**が $q\Rightarrow p$ の反例となる。

35 (1) **偽**である。
反例：2054
（理由）2054の下1桁(けた)は4の倍数であるが，2054は4で割り切れない。
(2)**真**である。
（証明）$n=1000a+100b+10c+d$($a,\ b,\ c,\ d$は0以上の整数，$a\neq0$）とすると，
$n=4(250a+25b)+10c+d$
これより $10c+d$，すなわち，下2桁が4の倍数であればnは4の倍数となる。

36 まず，$-1\leqq a$ かつ $a-5\leqq3$ より，
$-1\leqq a\leqq8$ ……①
pを満たす実数全体の集合をP，qを満たす実数全体の集合をQとすると，
$P\subset Q$

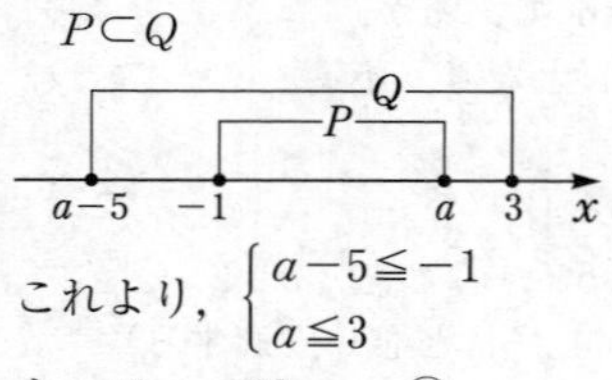

これより，$\begin{cases}a-5\leqq-1\\a\leqq3\end{cases}$
よって，$a\leqq3$ ……②
①，②より，$\boldsymbol{-1\leqq a\leqq3}$

11 命題と条件 (p.22〜23)

37 $|c|\leqq2$ とは，$-2\leqq c\leqq2$ と同値である。
(1)**ア**
（理由）「$c\leqq2\Longrightarrow|c|\leqq2$」は偽である。
「$c\leqq2\Longleftarrow|c|\leqq2$」は真である。
よって，$c\leqq2$ であることは $|c|\leqq2$ であるための必要条件であるが，十分条件ではない。
(2)**イ**
（理由）「$c^2-2=0$」は「$c=\pm\sqrt{2}$」と同値。
(3)**エ**
（理由）「すべての実数xに対して $x^4-c\geqq0$」が真となるcの値の範囲は $c\leqq0$ である。
(4)**ウ**
（理由）「ある実数xがあり，$(x-1)^2+c^2\leqq4$ となる」は，$x=1$ のとき $c^2\leqq4$ となる。
(5)**イ**
（理由）「$x<1$ のすべての実数xに対して $cx<2$」となるcの値の範囲は $0\leqq c\leqq2$ である。

38 nを自然数とするとき，「条件q：n^4を5で割った余りは1」において，n^4を5で割った余りを，(nを5で割った余り)^{4}により考える。
5で割った余りは，
$0^4=0$　は，0
$1^4=1$　は，1
$2^4=16$　は，1
$3^4=81$　は，1
$4^4=256$　は，1
つまり，条件qを満たすnは5の倍数でない。
よって，qはpであるための**必要十分**条件である。
……①
次に，条件rを満たすnを考える。
$n^2-n+1=n(n-1)+1$ は，$n(n-1)$ が連続する2整数の積だから偶数となり，n^2-n+1 は常に奇数となる。
よって，rはpであるための**必要**条件となる。
……②

39 (1)**ク**　(2)**シ**

12 命題とその逆・裏・対偶 (p.24〜25)

40 $2a$が3の倍数でないならば，aは3の倍数でない。

41 $x^2+x=0$ の解は $x=-1,\ 0$ であるから，
$x^2+x=0\Longrightarrow x=0$ は**偽**である。……①
また，
逆は，$x=0\Longrightarrow x^2+x=0$ であり，**真**である。
……②
対偶は，$x\neq0\Longrightarrow x^2+x\neq0$ であり，**偽**である。
……③

42 (1) $x+y$ が無理数ならば，xが無理数またはyが無理数である。
(2)逆「$x+y$ が有理数ならば，xが有理数かつyが有理数である。」
これは偽である。
反例：$x=\sqrt{2},\ y=-\sqrt{2}$

☑注意

「有理数でない」とは「無理数である」ということである。

43 オ

13 命題と証明 (p.26〜27)

44 (1)対偶「自然数nが奇数ならば，n^2も奇数となる」を示す。

$n=2k-1$(kは自然数) とおくと，

$n^2=(2k-1)^2=2(2k^2-2k)+1$

$2k^2-2k$ は0以上の整数なので，n^2は奇数となる。よって，対偶が真であることが示されたので，もとの命題も真である。

(2)$\sqrt{2}$ が無理数でないと仮定すると，有理数であるから，

$\sqrt{2}=\dfrac{m}{n}$ (mとnは最大公約数が1の自然数)とおける。

$m=\sqrt{2}\,n$

$m^2=2n^2$ ……①

m^2が偶数なので，(1)よりmは偶数となるから，

$m=2k$ (kは自然数) とおける。

①に代入して，$2k^2=n^2$

n^2が偶数なので，(1)よりnも偶数である。

だから，mとnは公約数2をもって，最大公約数が1であることに矛盾する。

ゆえに，$\sqrt{2}$ は無理数である。

☑注意

対偶ともとの命題の真偽は一致するので，対偶が真であることを示せば，もとの命題が証明できたことになる。

45 (1)$\sqrt{2}+\sqrt{3}$ が無理数でないとする。

$\sqrt{2}+\sqrt{3}=r$ (rは有理数) とおくと，

両辺を平方して，

$5+2\sqrt{6}=r^2$

$\sqrt{6}=\dfrac{r^2-5}{2}$ ……①

①の右辺は，有理数の差と商だから，有理数である。左辺の$\sqrt{6}$が無理数であることは与えられているから，有理数と無理数が等しくなり，矛盾である。

よって，$\sqrt{2}+\sqrt{3}$ は無理数である。

(2)$2+\dfrac{\sqrt{2}}{\sqrt{3}}$ が無理数でないとする。

$2+\dfrac{\sqrt{2}}{\sqrt{3}}=r$ (rは有理数) とおくと，

$2+\dfrac{\sqrt{6}}{3}=r$

$\sqrt{6}=3(r-2)$

右辺は有理数の差と積だから，有理数である。

左辺の$\sqrt{6}$は無理数だから，矛盾である。

よって，$2+\dfrac{\sqrt{2}}{\sqrt{3}}$ は無理数である。

46 (1)自然数nは，$n=2k$ または $n=2k-1$ (kは自然数) とおける。

$n^2=4k^2$ または $n^2=4(k^2-k)+1$ だから，n^2を4で割った余りは0または1である。

(2)a，bが両方とも奇数であると仮定すると，

$a=2s-1$，$b=2t-1$ (sとtは自然数)

とおける。

$a^2+b^2=4(s^2-s+t^2-t)+2$

となるから，4で割った余りは2である。

$a^2+b^2=c^2$ となる自然数cがあったとすると，(1)より，c^2を4で割った余りは0または1であるから，矛盾する。

よって，a，bの少なくとも一方は偶数である。

47 (1)$x<\sqrt{3}$ かつ $y<\sqrt{3}$ ならば，$x^2+y^2<6$

(2)$x<\sqrt{3}$，$y<\sqrt{3}$ であるとき，x，yは正の数より，$0<x^2<3$，$0<y^2<3$

よって，$x^2+y^2<6$

これより，命題Aの対偶が真であることが示されたので，もとの命題Aも真である。

第3章 2次関数

14 関数とグラフ (p.28〜29)

48 (i)$m>0$ のとき

yは，$x=1$ で最小となり，$x=3$ で最大となる。

よって，$m+n=5$，$3m+n=11$

これより，$m=3$，$n=2$

これは $m>0$ を満たす。

(ii)$m<0$ のとき

yは，$x=1$ で最大となり，$x=3$ で最小となる。

よって，$m+n=11$，$3m+n=5$

これより，$m=-3$，$n=14$

これは $m<0$ を満たす。

(iii)$m=0$ のとき

$y=n$ となり，条件を満たさない。

(i)〜(iii)より，$\boldsymbol{m=3}$，$\boldsymbol{n=2}$ または $\boldsymbol{m=-3}$，$\boldsymbol{n=14}$

49 (i)$x\leqq 0$ のとき

$f(x)=-4x+(4x-1)-(4x-2)+(4x-3)$

$\quad=-2$

(ii) $0<x\leqq\frac{1}{4}$ のとき

$f(x)=4x+(4x-1)-(4x-2)+(4x-3)$
$\quad=8x-2$

(iii) $\frac{1}{4}<x\leqq\frac{1}{2}$ のとき

$f(x)=4x-(4x-1)-(4x-2)+(4x-3)$
$\quad=0$

(iv) $\frac{1}{2}<x\leqq\frac{3}{4}$ のとき

$f(x)=4x-(4x-1)+(4x-2)+(4x-3)$
$\quad=8x-4$

(v) $\frac{3}{4}<x$ のとき

$f(x)=4x-(4x-1)+(4x-2)-(4x-3)$
$\quad=2$

(i)〜(v)より，$y=f(x)$ のグラフは右の図のようになる。

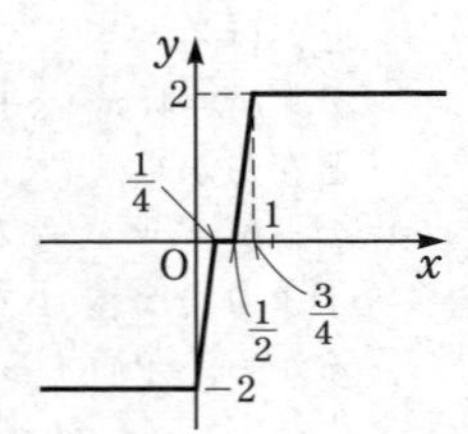

☑ 注意

絶対値の中の式の符号に注意する。

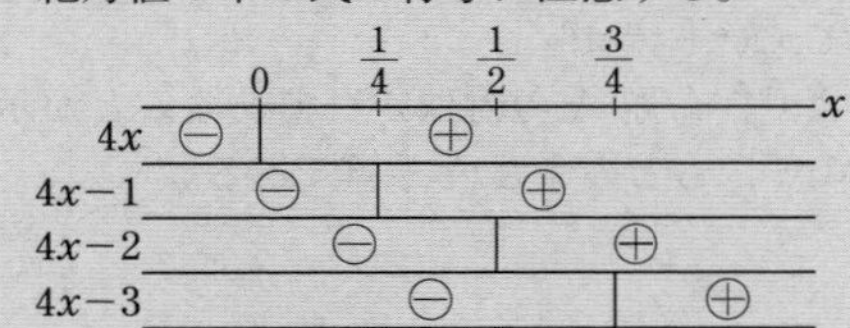

50 (1) $y-(-2)=-3\left(x-\frac{2}{3}\right)+2$

よって，$\boldsymbol{y=-3x+2}$

(2) $-y=-3x+2$　よって，$\boldsymbol{y=3x-2}$

(3) $y=-3(-x)+2$　よって，$\boldsymbol{y=3x+2}$

(4) $-y=-3(-x)+2$　よって，$\boldsymbol{y=-3x-2}$

☑ 注意

$y=f(x)$ のグラフの移動

・x 軸方向に p，y 軸方向に q だけ平行移動
　$\cdots y-q=f(x-p)$

・x 軸に関する対称移動$\cdots -y=f(x)$

・y 軸に関する対称移動$\cdots y=f(-x)$

・原点に関する対称移動$\cdots -y=f(-x)$

51 $f(x)=\left|\left||x|-\frac{1}{2}\right|-\frac{1}{2}\right|$ とおくと，

$f(-x)=f(x)$ であるから，$y=f(x)$ のグラフは，y 軸について対称である。

そこで，$x\geqq0$ の範囲のグラフを考える。

$x\geqq0$ より，$f(x)=\left|\left|x-\frac{1}{2}\right|-\frac{1}{2}\right|$

(i) $0\leqq x\leqq\frac{1}{2}$ のとき

$f(x)=\left|-\left(x-\frac{1}{2}\right)-\frac{1}{2}\right|=|-x|=x$

(ii) $\frac{1}{2}<x$ のとき

$f(x)=\left|\left(x-\frac{1}{2}\right)-\frac{1}{2}\right|=|x-1|$

㋐ $\frac{1}{2}<x\leqq1$ のとき，

$f(x)=-(x-1)$
$\quad=-x+1$

㋑ $1<x$ のとき，

$f(x)=x-1$

(i)，(ii)と，$x<0$ のグラフもあわせると，$y=f(x)$ のグラフは右の図のようになる。

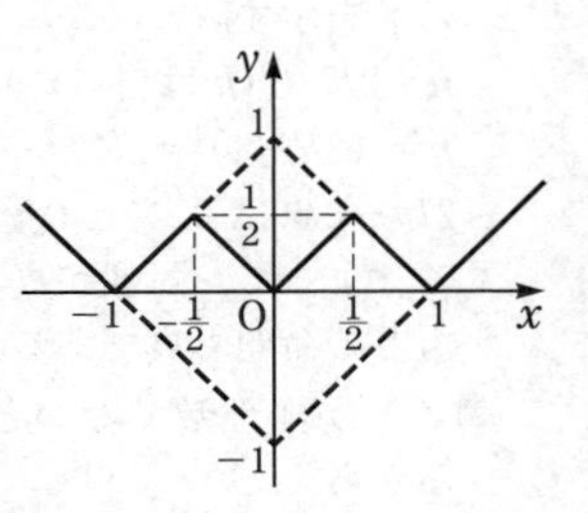

☑ 注意

$f(x)=f(-x)$ が成り立つとき $f(1)=f(-1)$，$f(2)=f(-2)$，$f(3)=f(-3)$，…… より，グラフは y 軸について対称となる。

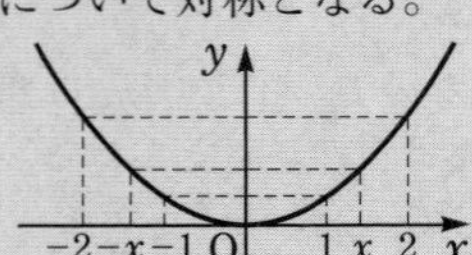

15 2次関数のグラフ ①　(p.30〜31)

52 (1) $x^2-2x=(x-1)^2-1$，

$-x^2-6x=-(x+3)^2+9$

より，グラフは下の図のようになる。

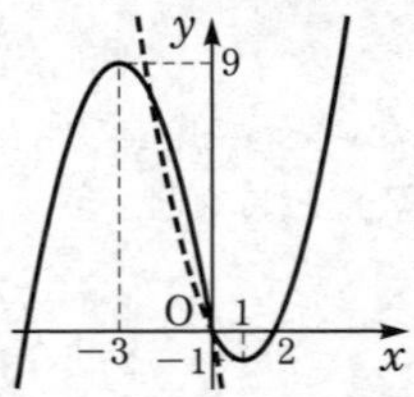

(2) $y=x^2-3|x|+2$ だから，

(i) $x\geqq0$ のとき

$y=x^2-3x+2$
$\quad=\left(x-\frac{3}{2}\right)^2-\frac{1}{4}$

(ii) $x<0$ のとき

$y=x^2+3x+2=\left(x+\frac{3}{2}\right)^2-\frac{1}{4}$

よって，グラフは右上の図のようになる。

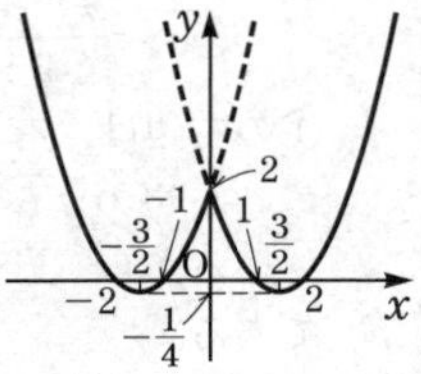

(3) $y=|x-1|\cdot(x-2)$ だから，

(i) $x\geqq 1$ のとき，

$y=(x-1)(x-2)$

$=x^2-3x+2$

$=\left(x-\dfrac{3}{2}\right)^2-\dfrac{1}{4}$

(ii) $x<1$ のとき，

$y=-(x-1)(x-2)$

$=-x^2+3x-2$

$=-\left(x-\dfrac{3}{2}\right)^2+\dfrac{1}{4}$

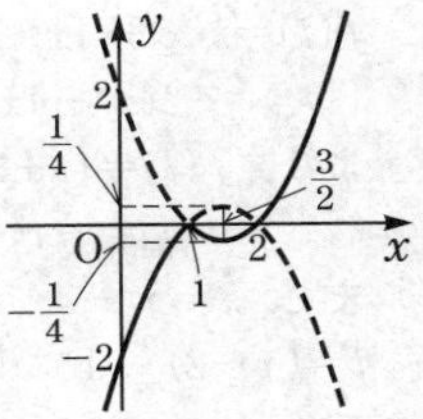

よって，グラフは右上の図のようになる。

53 (1) $y=x^2-4|x-2|+3$ $(-1<x<4)$ だから，

(i) $2\leqq x<4$ のとき，

$y=x^2-4(x-2)+3$

$=x^2-4x+11$

$=(x-2)^2+7$

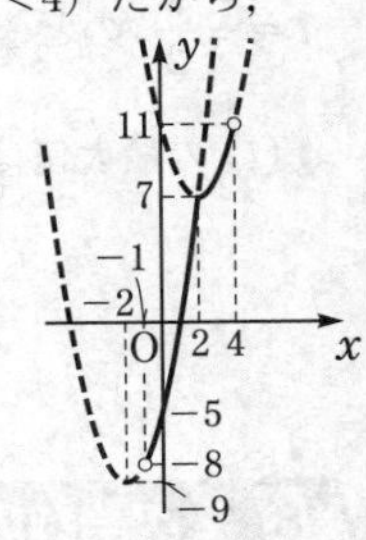

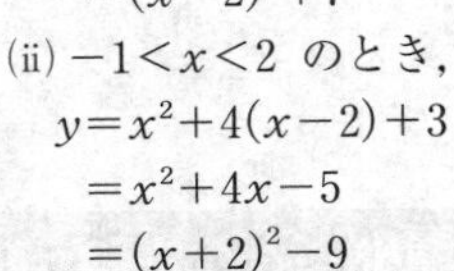

(ii) $-1<x<2$ のとき，

$y=x^2+4(x-2)+3$

$=x^2+4x-5$

$=(x+2)^2-9$

よって，グラフは右上の図のようになる。

(2) グラフより，値域は，

$\boldsymbol{-8<y<11}$

54 $y=\left|x^2-2|x|\right|$ について，

(i) $x\geqq 0$ のとき，$y=|x^2-2x|$ だから，

㋐ $2\leqq x$ のとき，

$y=x^2-2x=(x-1)^2-1$

㋑ $0\leqq x<2$ のとき，

$y=-(x^2-2x)=-x^2+2x=-(x-1)^2+1$

(ii) $x<0$ のとき，$y=|x^2+2x|$ だから，

㋐ $-2\leqq x<0$ のとき，

$y=-(x^2+2x)=-x^2-2x=-(x+1)^2+1$

㋑ $x<-2$ のとき，

$y=x^2+2x=(x+1)^2-1$

(i)，(ii)より，

$y=\left|x^2-2|x|\right|$ のグラフは，

右の図のようになる。

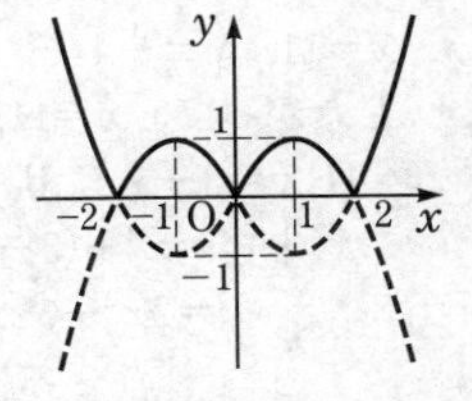

よって，求める実数 k の条件は，グラフより，

$\boldsymbol{0<k<1}$

> ☑ 注意
> $y=k$ のグラフは，x 軸に平行で $(0,\ k)$ を通る直線である。k の値を変えることで，この直線が上下する。

16 2次関数のグラフ ② (p.32〜33)

55 (1) $y=x^2+6x+5=(x+3)^2-4$ だから，(i)の頂点の座標は $(-3,\ -4)$

$y=x^2-2x+3=(x-1)^2+2$ より，

頂点の座標は $(1,\ 2)$

よって，(i)は放物線 $y=x^2-2x+3$ を x 軸方向に $\boldsymbol{-4}$，y 軸方向に $\boldsymbol{-6}$ だけ平行移動したものである。……①，②

(2) (i)の頂点 $(-3,\ -4)$ を直線 $x=1$ に関して対称移動すると，$(5,\ -4)$

よって，$\boldsymbol{y=(x-5)^2-4}$ ……③

(3) $\boldsymbol{y=-(x+3)^2-4}$ ……④

(4) (i)の頂点 $(-3,\ -4)$ を原点に関して対称移動すると，$(3,\ 4)$

よって，$\boldsymbol{y=-(x-3)^2+4}$ ……⑤

> ☑ 注意
> 次のことを利用して式を求めてもよい。
> $y=f(x)$ において，
> ・x 軸方向に p，y 軸方向に q 平行移動
> ……$y-q=f(x-p)$
> ・x 軸に関する対称移動……$-y=f(x)$
> ・y 軸に関する対称移動……$y=f(-x)$
> ・原点に関する対称移動……$-y=f(-x)$

56 (1) $y=x^2-2ax+a^2-3a-4b+8$

$=(x-a)^2-3a-4b+8$

だから，頂点の座標は，

$\boldsymbol{(a,\ -3a-4b+8)}$ ……①，②，③，④

(2) E を y 軸方向に -2 だけ平行移動し，さらに x 軸に関して対称移動すると，頂点は $(a,\ 3a+4b-6)$ へ移る。

一方，$y=-x^2+4x+4=-(x-2)^2+8$ だから，

頂点の座標は，$(2,\ 8)$

これより，$\begin{cases} a=2 \\ 3a+4b-6=8 \end{cases}$

よって，$\boldsymbol{a=2,\ b=2}$ ……⑤，⑥

57 $\begin{cases} y=x^2+2ax+b & \text{……①} \\ y=x^2+2bx+a & \text{……②} \end{cases}$

①より，$y=(x+a)^2+b-a^2$ だから，

頂点の座標は $(-a,\ b-a^2)$

②より，$y=(x+b)^2+a-b^2$ だから，

頂点の座標は $(-b,\ a-b^2)$

①，②のグラフが $x=c$ に関して対称であるから，2つのグラフの頂点も $x=c$ に関して対称である。

これより，$\begin{cases} \dfrac{-a-b}{2}=c & \text{……③} \\ b-a^2=a-b^2 & \text{……④} \end{cases}$

④より，$(a-b)(a+b+1)=0$

$a\neq b$ だから，$\boldsymbol{a+b=-1}$

③より，$c=-\dfrac{a+b}{2}=\boldsymbol{\dfrac{1}{2}}$

17　2次関数の最大・最小 ①　(p.34〜35)

58 $f(x)=x^2-4x+c$ とおくと，
$f(x)=(x-2)^2+c-4$ と変形できるので，グラフは右の図のようになる。
よって，$x=2$ のときが最小で，$x=-3$ のときが最大となる。
条件より，
$f(-3)=21+c$
$=17$
よって，$c=-4$ ……①
また，y の最小値は
$f(2)=c-4$
$=-8$ ……②

59 $y=-a(x-1)^2+a+b$
定義域が $0\leqq x\leqq 3$ で放物線の軸は直線 $x=1$ であるから，
$x=1$ のとき，最大値
$y=a+b=3$ ……①
$x=3$ のとき，最小値
$y=-3a+b=-5$ ……②
①，②より，
$a=2$，$b=1$

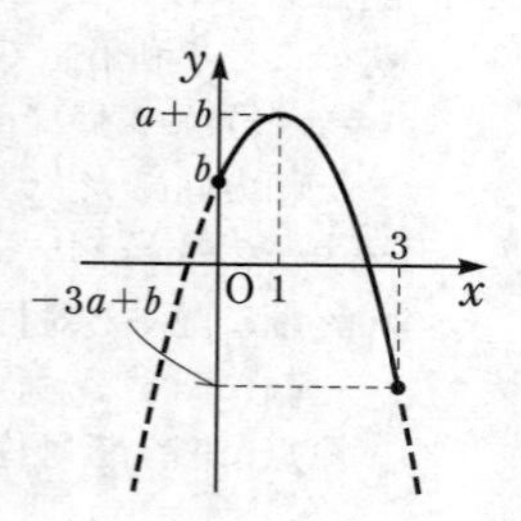

☑ 注意
放物線は軸に関して左右対称なので，上に凸の放物線の場合は，軸から離れるほど，y の値は小さくなる。

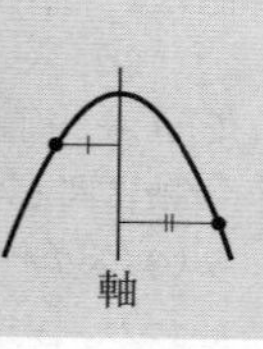

60 (1) $y=x^2$ のグラフを考えて，$\mathbf{0\leqq x^2\leqq 4}$
(2) $x^2=t$ とすると，(1)より，
$0\leqq t\leqq 4$
このとき，
$y=-t^2+4t$
$=-(t-2)^2+4\ (0\leqq t\leqq 4)$
ここで，
$t=2$ のとき，$x^2=2$
$-1\leqq x\leqq 2$ より，$x=\sqrt{2}$
$t=0$ のとき，$x^2=0$
$-1\leqq x\leqq 2$ より，$x=0$
$t=4$ のとき，$x^2=4$
$-1\leqq x\leqq 2$ より，$x=2$
よって，グラフから，
$t=2$ すなわち，$x=\sqrt{2}$ のとき，最大値 **4**
$t=0$，4 すなわち，$x=0$，2 のとき，最小値 **0**

61 $t=x^2-4x$ とすると，
$f(t)=\{(x^2-4x)+3\}\{-(x^2-4x)+2\}$
$-2(x^2-4x)-1$
より，$f(t)=(t+3)(-t+2)-2t-1$
$=\mathbf{-t^2-3t+5}$ ……①
また，$t=x^2-4x$ なので，
$t=(x-2)^2-4$ より，
$\mathbf{t\geqq -4}$ ……②

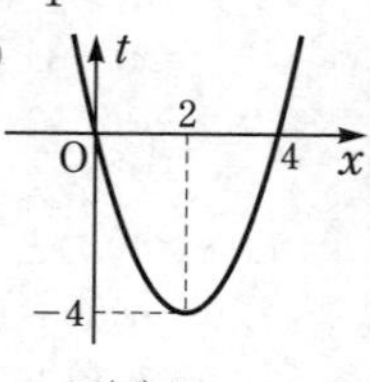

ここで，
$$f(t)=-\left(t+\frac{3}{2}\right)^2+\frac{29}{4}\quad(t\geqq -4)$$
であるから，
$t=\mathbf{-\frac{3}{2}}$ のとき，
$f(t)$ の最大値は $\mathbf{\frac{29}{4}}$
……③，④

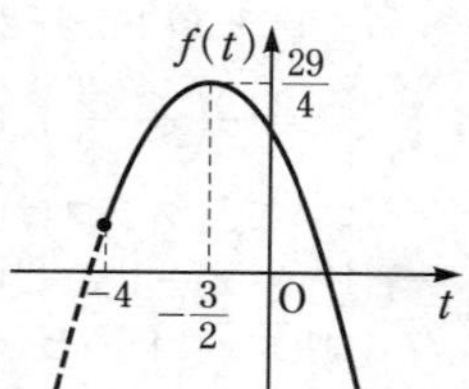

18　2次関数の最大・最小 ②　(p.36〜37)

62 $2x^2\geqq 0$，$(2y-x+1)^2\geqq 0$ より，
$2x^2+(2y-x+1)^2+2\geqq 2$
ここで，$2x^2=0$，$2y-x+1=0$ のとき，
$x=0$，$y=-\frac{1}{2}$
したがって，$x=0$，$y=-\frac{1}{2}$ のとき，最小値 **2**

63 $x^2+5y^2+4xy-6x-4y-2$
$=x^2+2(2y-3)x+5y^2-4y-2$
$=(x+2y-3)^2+5y^2-4y-2-(2y-3)^2$
$=(x+2y-3)^2+y^2+8y-11$
$=(x+2y-3)^2+(y+4)^2-27$
ここで $\begin{cases}x+2y-3=0\\y+4=0\end{cases}$ を満たす x，y は，
$x=11$，$y=-4$
したがって，$x=11$，$y=-4$ のとき，最小値 **−27**

64 (1) $y=3-x$ より，
$x^2+y^2=x^2+(3-x)^2$
$=2x^2-6x+9$
$=2\left(x-\frac{3}{2}\right)^2+\frac{9}{2}$
よって，$x=\mathbf{\frac{3}{2}}$ のとき，最小値 $\mathbf{\frac{9}{2}}$ ……①，②
（このとき，$y=3-\frac{3}{2}=\frac{3}{2}$ である）
(2) $b=1-a$，$b>0$ より，$a<1$
$a>0$ とあわせて，$0<a<1$ ……①
ここで，$a^3+b^3=a^3+(1-a)^3$
$=a^3+1-3a+3a^2-a^3$
$=3a^2-3a+1$

$$=3\left(a-\frac{1}{2}\right)^2+\frac{1}{4}$$

①より，$0<a<1$ なので，

$a=\dfrac{1}{2}$，$b=\dfrac{1}{2}$ のとき，

最小値 $\mathbf{\dfrac{1}{4}}$

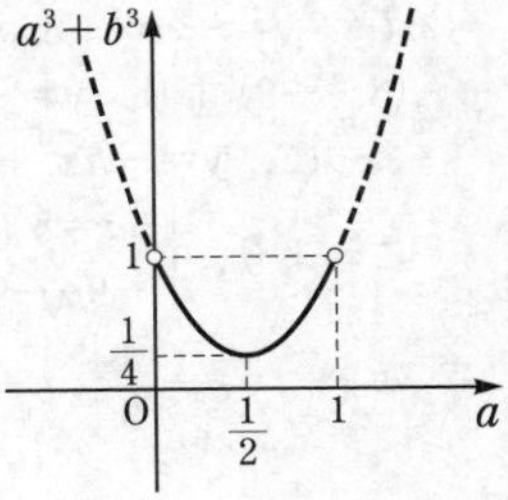

65 $x=k-3y$ より，

$$x^2+y^2=(k-3y)^2+y^2$$
$$=10y^2-6ky+k^2$$
$$=10\left(y-\frac{3}{10}k\right)^2+\frac{k^2}{10}$$

よって，$y=\dfrac{3}{10}k$ のとき，最小値 $\dfrac{k^2}{10}$ をとる。

したがって，$\dfrac{k^2}{10}=\dfrac{5}{2}$ より，$k^2=25$

$k>0$ だから，$\boldsymbol{k=5}$

19 2次関数の最大・最小 ③ (p.38〜39)

66 (1) $f(x)=x^2-4x+a=(x-2)^2+a-4$ だから，

(i) $a+3\leqq2$ すなわち $\boldsymbol{a\leqq-1}$ のとき

グラフは右の図のようになるから，

$M(a)=f(a)$
$\quad=\boldsymbol{a^2-3a}$

$m(a)=f(a+3)$
$\quad=\boldsymbol{a^2+3a-3}$

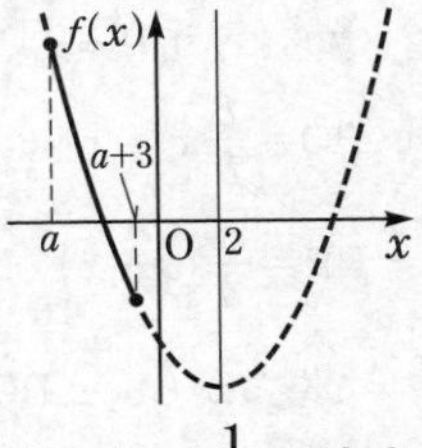

(ii) $a+\dfrac{3}{2}\leqq2<a+3$ すなわち $\boldsymbol{-1<a\leqq\dfrac{1}{2}}$ のとき

グラフは右の図のようになるから，

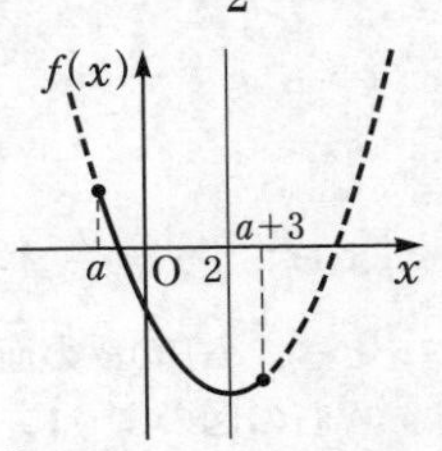

$M(a)=f(a)$
$\quad=\boldsymbol{a^2-3a}$

$m(a)=f(2)$
$\quad=\boldsymbol{a-4}$

(iii) $a\leqq2<a+\dfrac{3}{2}$ すなわち $\boldsymbol{\dfrac{1}{2}<a\leqq2}$ のとき

グラフは右の図のようになるから，

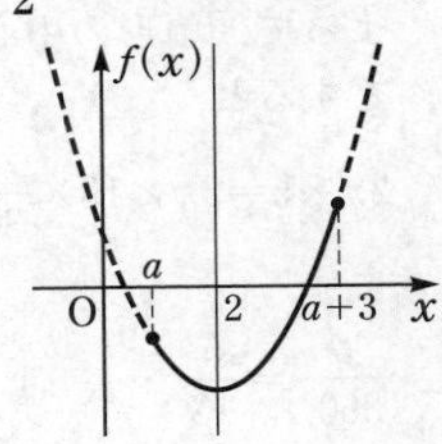

$M(a)=f(a+3)$
$\quad=\boldsymbol{a^2+3a-3}$

$m(a)=f(2)$
$\quad=\boldsymbol{a-4}$

(iv) $\boldsymbol{2<a}$ のとき

グラフは右の図のようになるから，

$M(a)=f(a+3)$
$\quad=\boldsymbol{a^2+3a-3}$

$m(a)=f(a)$
$\quad=\boldsymbol{a^2-3a}$

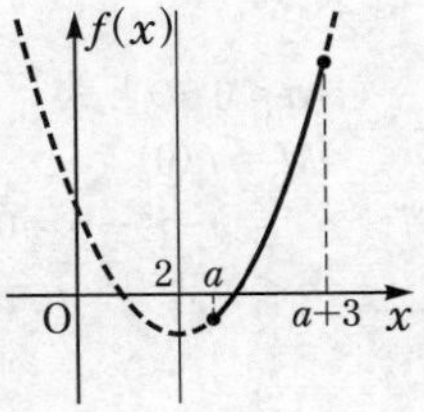

(2) (1)より，

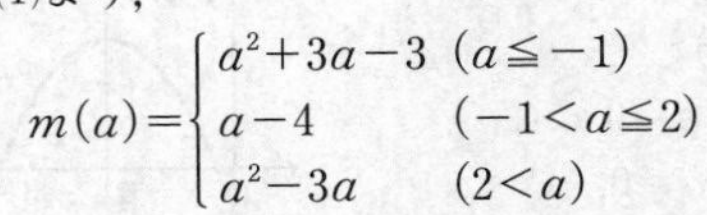

$$m(a)=\begin{cases}a^2+3a-3 & (a\leqq-1)\\ a-4 & (-1<a\leqq2)\\ a^2-3a & (2<a)\end{cases}$$

よって，$y=m(a)$ のグラフは右の図のようになる。

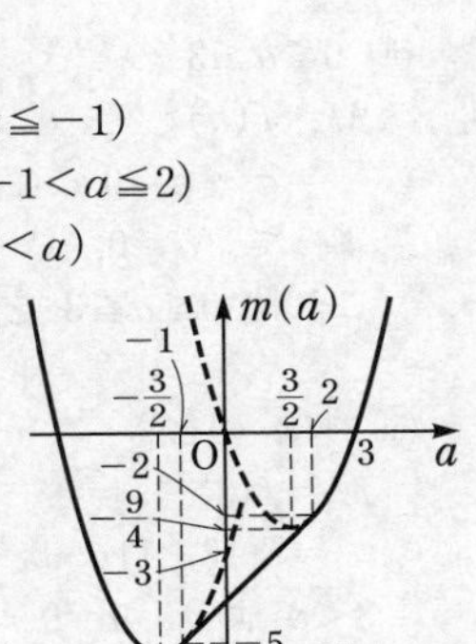

よって，$m(a)$ は

$a=-\dfrac{3}{2}$ のとき，最小

値 $\mathbf{-\dfrac{21}{4}}$ をとる。

☑注意
定義域 $a\leqq x\leqq a+3$ に，頂点が入る場合と入らない場合に分けて考える。

67 $x^2=X$ とおくと，$X\geqq0$

$$f(x)=x^4+2tx^2+2t^2+t+1$$
$$=X^2+2tX+2t^2+t+1$$
$$=(X+t)^2+t^2+t+1$$

これを，あらためて $g(X)$ とおくと，

$g(X)=(X+t)^2+t^2+t+1$ $(X\geqq0)$

(i) $t\geqq0$ のとき

$m(t)=g(0)$
$\quad=2t^2+t+1$
$\quad=2\left(t+\dfrac{1}{4}\right)^2+\dfrac{7}{8}$

よって，$t=0$ のとき，
$m(t)$ の最小値は1

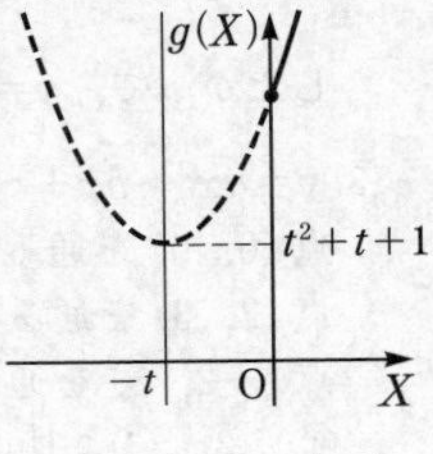

(ii) $t<0$ のとき

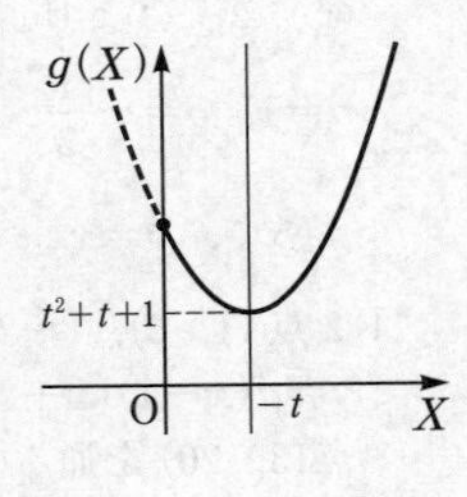

$m(t)=g(-t)$
$\quad=t^2+t+1$
$\quad=\left(t+\dfrac{1}{2}\right)^2+\dfrac{3}{4}$

よって，$t=-\dfrac{1}{2}$ のとき，

$m(t)$ の最小値は $\dfrac{3}{4}$

(i)，(ii)より，$m(t)$ の最小値は $\dfrac{3}{4}$ $\left(t=-\dfrac{1}{2}\right)$

68 $f(x)=-2x^2+4ax-a-a^2$
$\quad=-2(x-a)^2+a^2-a$

と変形できるから，$0\leqq x\leqq3$ での最大値を M とす

ると，

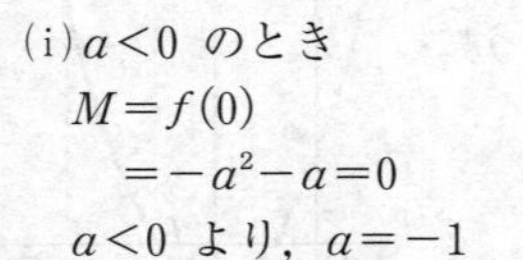

(i) $a<0$ のとき

$M=f(0)$

$\quad=-a^2-a=0$

$a<0$ より，$a=-1$

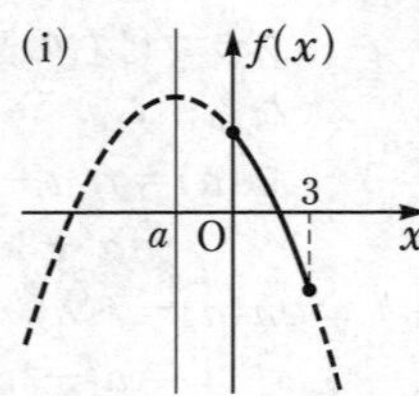

(ii) $0\leqq a\leqq 3$ のとき

$M=f(a)$

$\quad=a^2-a=0$

よって，$a=0,\ 1$

これは $0\leqq a\leqq 3$ を満たす。

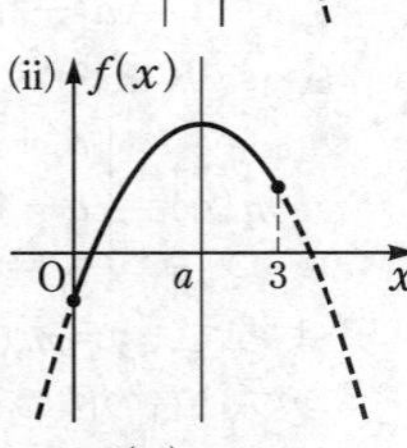

(iii) $3<a$ のとき

$M=f(3)$

$\quad=-18+11a-a^2=0$

$3<a$ より，$a=9$

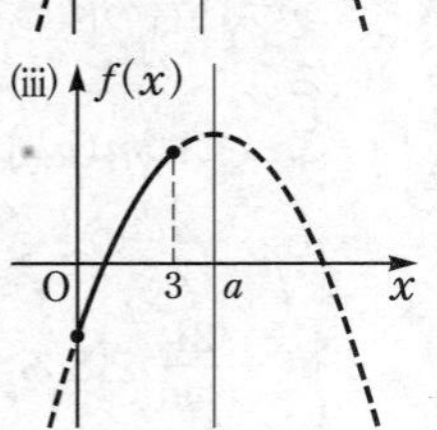

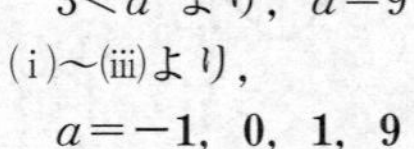

(i)〜(iii)より，

$\boldsymbol{a=-1,\ 0,\ 1,\ 9}$

20 2次関数の決定 (p.40〜41)

69 (1) $y=a(x+1)^2+3$ として，$x=0$，$y=-1$ を代入すると，

$-1=a+3$ より，$a=-4$

したがって，$\boldsymbol{y=-4(x+1)^2+3}$

(2) $y=a(x-1)^2+q$ とする。

$x=0$，$y=7$ を代入して，$7=a+q$ ……①

$x=3$，$y=11$ を代入して，$11=4a+q$ ……②

①，②より，$a=\dfrac{4}{3}$，$q=\dfrac{17}{3}$

したがって，$\boldsymbol{y=\dfrac{4}{3}(x-1)^2+\dfrac{17}{3}}$

(3) $y=ax^2+bx+c$ とおく。

点 $(0,\ 0)$ を通るので，$c=0$ ……①

点 $(2,\ 3)$ を通るので，$4a+2b+c=3$ ……②

点 $(-2,\ 5)$ を通るので，$4a-2b+c=5$ ……③

①，②，③より，

$a=1$，$b=-\dfrac{1}{2}$，$c=0$

よって，$\boldsymbol{y=x^2-\dfrac{1}{2}x}$

(4) 2点 $(1,\ 0)$，$(-2,\ 0)$ を通るので，

$y=a(x-1)(x+2)$ とおく。

点$(3,\ 20)$ を通るので，$20=10a\quad a=2$

よって，$\boldsymbol{y=2(x-1)(x+2)}$

(5) $y=a(x-2)^2-3$ とおく。

グラフと x 軸の交点は点 $(-1,\ 0)$，$(5,\ 0)$ であるから，$a=\dfrac{1}{3}$

よって，$\boldsymbol{y=\dfrac{1}{3}(x-2)^2-3}$

70 (1) $y=(x-3)^2-9$ より，頂点の座標は，

$\boldsymbol{(3,\ -9)}$ ……①，②

(2) C'：$y=-ax^2+8x+b$ とすると，頂点が $(3,\ -9)$ より，$y=-a(x-3)^2-9$ と表される。

よって，$y=-ax^2+6ax-9a-9$

これより，$\begin{cases}6a=8\\-9a-9=b\end{cases}$

ゆえに，$\boldsymbol{a=\dfrac{4}{3}}$，$\boldsymbol{b=-21}$ ……③，④

71 $y=x^2-2(2a-1)x+4a^2-a+3$

$\quad=\{x-(2a-1)\}^2-(2a-1)^2+4a^2-a+3$

$\quad=\{x-(2a-1)\}^2-(4a^2-4a+1)+4a^2-a+3$

$\quad=\{x-(2a-1)\}^2+3a+2$

よって，頂点の座標は $\boldsymbol{(2a-1,\ 3a+2)}$ ……①，②

これが直線 $y=4x-3$ 上にあるので，

$3a+2=4(2a-1)-3$

$3a+2=8a-7$

よって，$\boldsymbol{a=\dfrac{9}{5}}$ ……③

21 2次関数の利用 (p.42〜43)

72 △ABC の辺 BC，CA，AB の長さをそれぞれ a，b，c とおく。

さらに，BP$=x$ とおくと，

PQ$=\dfrac{b}{a}x$

PR$=\dfrac{c}{a}(a-x)$

であるから，$\triangle\mathrm{PQR}=\dfrac{1}{2}\mathrm{PQ}\cdot\mathrm{PR}$

$$=\frac{1}{2}\cdot\frac{b}{a}x\cdot\frac{c}{a}(a-x)$$

$$=-\frac{bc}{2a^2}\left(x-\frac{a}{2}\right)^2+\frac{bc}{8}$$

よって，$x=\dfrac{a}{2}$ すなわち，**P が BC の中点**にあるとき，△PQR の面積は最大となる。

73 右の図のように，

母線の長さは $\sqrt{12^2+5^2}=13$

よって，扇形の中心角を θ とすると，

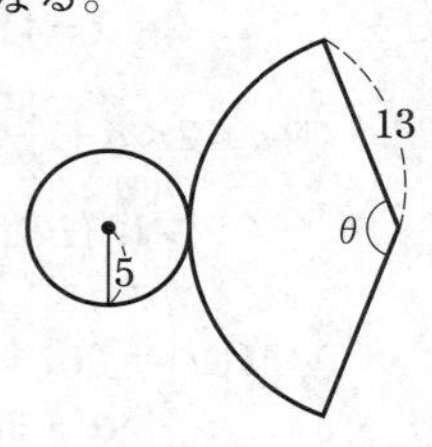

$2\pi\times5=2\pi\times13\times\dfrac{\theta}{360^\circ}$

より，

$\dfrac{\theta}{360^\circ}=\dfrac{5}{13}$ ……(i)

円錐の表面積は(i)を用いて,

$\pi\times5^2+\pi\times13^2\times\dfrac{\theta}{360^\circ}$

$=25\pi+65\pi=\mathbf{90\pi}$ ……①

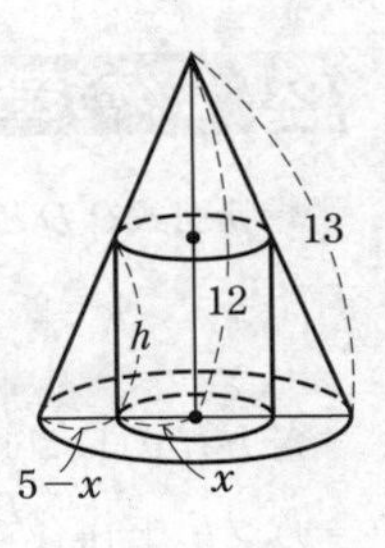

さらに，$(5-x):h=5:12$ より，

$h=\mathbf{12-\dfrac{12}{5}x}$ ……②

円柱の表面積は，

$f(x)=\pi x^2\times2+2\pi xh$

$=2\pi x^2+2\pi x\left(12-\dfrac{12}{5}x\right)$

$=\mathbf{-\dfrac{14}{5}\pi x^2+24\pi x}$ ……③

よって，

$f(x)=-\dfrac{14}{5}\pi\left(x-\dfrac{30}{7}\right)^2+\dfrac{360}{7}\pi$

したがって，$x=\mathbf{\dfrac{30}{7}}$ のとき，円柱の表面積は最大値 $\mathbf{\dfrac{360}{7}\pi}$ となる。……④，⑤

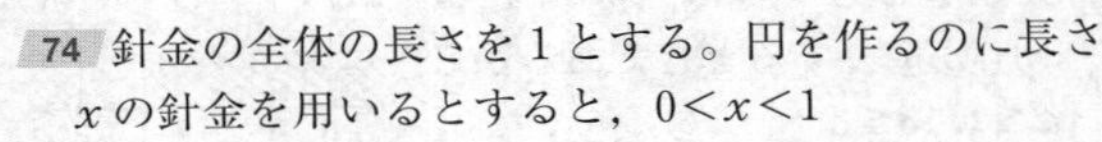

74 針金の全体の長さを1とする。円を作るのに長さ x の針金を用いるとすると，$0<x<1$

円の面積は，$\pi\left(\dfrac{x}{2\pi}\right)^2=\dfrac{x^2}{4\pi}$

正方形の面積は，$\left(\dfrac{1-x}{4}\right)^2=\dfrac{(1-x)^2}{16}$

したがって，面積の和は，

$\dfrac{x^2}{4\pi}+\dfrac{(1-x)^2}{16}=\dfrac{1}{16\pi}\{4x^2+\pi(1-x)^2\}$

$=\dfrac{4+\pi}{16\pi}\left(x^2-\dfrac{2\pi}{4+\pi}x+\dfrac{\pi}{4+\pi}\right)$

$=\dfrac{4+\pi}{16\pi}\left\{\left(x-\dfrac{\pi}{4+\pi}\right)^2+\dfrac{4\pi}{(4+\pi)^2}\right\}$

ここで，$0<\dfrac{\pi}{4+\pi}<1$ であるから，

$x=\dfrac{\pi}{4+\pi}$ のとき，面積の和は最小となる。

このとき，$x:(1-x)=\dfrac{\pi}{4+\pi}:\dfrac{4}{4+\pi}$

$=\pi:4$

すなわち，針金は $\mathbf{\pi:4}$ の比に分ければよい。

> ☑注意
> 関数の値の変化を調べるときには，変数のとりうる値の範囲(変域)に注意する。

75 (1) $\angle\mathrm{B}=45^\circ$ より，$\triangle\mathrm{ABH}$ は直角二等辺三角形。

よって，$\mathrm{AB}:\mathrm{AH}=\sqrt{2}:1$ だから，

$\mathrm{AH}=\dfrac{1}{\sqrt{2}}\mathrm{AB}=\dfrac{1}{\sqrt{2}}\cdot3\sqrt{2}=\mathbf{3}$

(2) $\angle\mathrm{B}=45^\circ$ より，

$\mathrm{BH}=\mathrm{AH}=3$

したがって，

$\mathrm{CH}=7-3=4$

また，$\mathrm{BE}=\mathrm{DE}=x$

さらに，$\triangle\mathrm{ACH}\backsim\triangle\mathrm{GCF}$ より，

$\mathrm{CF}=\dfrac{4}{3}x$

よって，$\mathrm{EF}=7-\left(\dfrac{4}{3}x+x\right)=7-\dfrac{7}{3}x$

ゆえに，$S=x\left(7-\dfrac{7}{3}x\right)$

$=\mathbf{-\dfrac{7}{3}\left(x-\dfrac{3}{2}\right)^2+\dfrac{21}{4}}$

$0<x<3$ だから，

$x=\dfrac{3}{2}$ のとき，S は最大値 $\mathbf{\dfrac{21}{4}}$ をとる。

22 2次方程式 ①

(p.44〜45)

76 (1) $2x^4+5x^2-3=0$

$x^2=t$ とおくと，$t\geqq0$

$2t^2+5t-3=0$

$(2t-1)(t+3)=0$

$t\geqq0$ より，$t=\dfrac{1}{2}$

よって，$x^2=\dfrac{1}{2}$ だから，$\mathbf{x=\pm\dfrac{\sqrt{2}}{2}}$

(2) $x^2-x-2=|x-1|$

(i) $1\leqq x$ のとき

$x^2-x-2=x-1$

$x^2-2x-1=0$

$x=1\pm\sqrt{2}$

$1\leqq x$ より，$x=1+\sqrt{2}$

(ii) $x<1$ のとき

$x^2-x-2=-(x-1)$

$x^2-3=0$

$x=\pm\sqrt{3}$

$x<1$ より，$x=-\sqrt{3}$

(i)，(ii)より，$x=\mathbf{1+\sqrt{2}}$，$\mathbf{-\sqrt{3}}$

77 $(\sqrt{2}-1)x^2+\sqrt{2}x+1=0$

両辺に $\sqrt{2}+1$ をかけると，

$x^2+(2+\sqrt{2})x+\sqrt{2}+1=0$

$x=\dfrac{-(2+\sqrt{2})\pm\sqrt{(2+\sqrt{2})^2-4\cdot1\cdot(\sqrt{2}+1)}}{2}$

$=\dfrac{-(2+\sqrt{2})\pm\sqrt{2}}{2}$

よって，$\mathbf{x=-1}$，$\mathbf{-1-\sqrt{2}}$

☑ 注意

係数が実数である2次方程式を解くには，解の公式を用いればよいので，係数に根号を含む数が入っていても，そのまま公式にあてはめればよい。

78 (1) $ax^2+bx+c=0$ の解は，

$x=\dfrac{-b\pm\sqrt{b^2-4ac}}{2a}$

よって，α，β は，

$\boldsymbol{\dfrac{-b+\sqrt{b^2-4ac}}{2a}}$，$\boldsymbol{\dfrac{-b-\sqrt{b^2-4ac}}{2a}}$

(2) $\alpha+\beta=\dfrac{-b+\sqrt{b^2-4ac}}{2a}+\dfrac{-b-\sqrt{b^2-4ac}}{2a}$

$=\dfrac{-2b}{2a}$

$=-\boldsymbol{\dfrac{b}{a}}$

$\alpha\beta=\left(\dfrac{-b+\sqrt{b^2-4ac}}{2a}\right)\left(\dfrac{-b-\sqrt{b^2-4ac}}{2a}\right)$

$=\dfrac{(-b)^2-(\sqrt{b^2-4ac})^2}{4a^2}$

$=\dfrac{b^2-(b^2-4ac)}{4a^2}$

$=\boldsymbol{\dfrac{c}{a}}$

79 $\begin{cases} x^2+2ax+2=0 & \cdots\cdots① \\ x^2+4x+a=0 & \cdots\cdots② \end{cases}$

①，②の共通解を α とすると，

$\begin{cases} \alpha^2+2a\alpha+2=0 & \cdots\cdots①' \\ \alpha^2+4\alpha+a=0 & \cdots\cdots②' \end{cases}$

①′−②′ より，

$2(a-2)\alpha+(2-a)=0$

$(a-2)(2\alpha-1)=0$

よって，$a=2$ または $\alpha=\dfrac{1}{2}$

(i) $a=2$ のとき，①，②はともに，$x^2+4x+2=0$ となり，①，②は2つの共通解をもつので，不適。

(ii) $\alpha=\dfrac{1}{2}$ のとき，①′より，$a=-\dfrac{9}{4}$

このとき，①，②はそれぞれ

$x^2-\dfrac{9}{2}x+2=0$，$x^2+4x-\dfrac{9}{4}=0$

となり，ただ1つの共通解 $\left(x=\dfrac{1}{2}\right)$ をもつ。

よって，$a=-\boldsymbol{\dfrac{9}{4}}$

23 2次方程式 ② (p.46〜47)

80 判別式を D として，$\dfrac{D}{4}=k^2-4=0$

よって，$k=2$ または $\boldsymbol{-2}$

81 方程式(i)，(ii)の判別式をそれぞれ D_1，D_2 とする。

$D_1\geqq0$ より，$\dfrac{D_1}{4}=1-a\geqq0$ ゆえに，$a\leqq\boldsymbol{1}$① ……(iii)

$D_2\geqq0$ より，$D_2=(3a)^2-4\cdot\dfrac{9}{4}(-2a+15)\geqq0$

$9a^2+18a-135\geqq0$

$a^2+2a-15\geqq0$

$(a+5)(a-3)\geqq0$

ゆえに，$a\leqq\boldsymbol{-5}$②，$\boldsymbol{3}$③$\leqq a$ ……(iv)

(i)，(ii)がともに実数解をもつのは「(iii)かつ(iv)」が成立するときであるから，

$\boldsymbol{a\leqq-5}$ ……④

(i)，(ii)のうち少なくとも一方が実数解をもつのは，「(iii)または(iv)」が成立するときであるから，

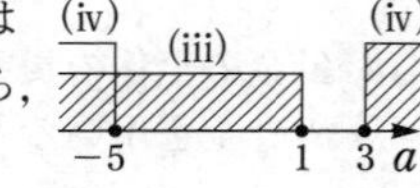

$\boldsymbol{a\leqq1}$，$\boldsymbol{3\leqq a}$ ……⑤，⑥

82 $t=x+\dfrac{2}{x}$ の両辺を2乗すると，

$t^2=x^2+\dfrac{4}{x^2}+4$

よって，$x^2+\dfrac{4}{x^2}=t^2-4$ ……①

ここで，与えられた方程式は，

$\left(x^2+\dfrac{4}{x^2}\right)-5\left(x+\dfrac{2}{x}\right)+8=0$

であるから，①を代入して，

$(t^2-4)-5t+8=0$

$t^2\boldsymbol{-5}t\boldsymbol{+4}=0$ ……①，②

$(t-1)(t-4)=0$

よって，$t=1$，$t=4$

(i) $t=1$ のとき

$x+\dfrac{2}{x}=1$ から，$x^2-x+2=0$

ここで，$D=(-1)^2-4\cdot1\cdot2<0$ より，解なし

(ii) $t=4$ のとき

$x+\dfrac{2}{x}=4$ から，$x^2-4x+2=0$

これより，$x=2\pm\sqrt{2^2-1\cdot2}$

すなわち，$x=\boldsymbol{2}\pm\sqrt{\boldsymbol{2}}$ ……③，④

83 (1) $x^2-2(n-1)x+3n^2-3n-9=0$ の判別式を D とおくと，

$\dfrac{D}{4}=(n-1)^2-(3n^2-3n-9)\geqq0$

$2n^2-n-10\leqq0$

$(2n-5)(n+2)\leqq 0$

よって，$-2\leqq n\leqq \dfrac{5}{2}$

n は整数だから，

$n=\mathbf{-2,\ -1,\ 0,\ 1,\ 2}$

(2) $x=(n-1)\pm\sqrt{(n-1)^2-(3n^2-3n-9)}$

$\quad=(n-1)\pm\sqrt{-2n^2+n+10}$

これより，2 つの実数解を α，β $(\alpha\geqq\beta)$ とすると，$\alpha=(n-1)+\sqrt{-2n^2+n+10}$

$\beta=(n-1)-\sqrt{-2n^2+n+10}$

ここで，

$\alpha+\beta=(n-1)+\sqrt{-2n^2+n+10}+(n-1)$
$\quad-\sqrt{-2n^2+n+10}$
$\quad=2(n-1)$

$\alpha\beta=\{(n-1)+\sqrt{-2n^2+n+10}\}\{(n-1)$
$\quad-\sqrt{-2n^2+n+10}\}$
$\quad=(n-1)^2-(\sqrt{-2n^2+n+10})^2$
$\quad=3n^2-3n-9$

よって，

$\alpha^2+\beta^2=(\alpha+\beta)^2-2\alpha\beta$
$\quad=4(n-1)^2-2(3n^2-3n-9)$
$\quad=-2n^2-2n+22$
$\quad=-2\left(n+\dfrac{1}{2}\right)^2+\dfrac{45}{2}$

ここで，(1)より，$n=-2,\ -1,\ 0,\ 1,\ 2$ であることに注意すると，$\alpha^2+\beta^2$ は，

$n=-1,\ 0$ のとき，最大値 **22**

$n=2$ のとき，最小値 **10** をとる。

24 2次関数と2次方程式 ① (p.48~49)

84 $x^2-2ax+(a+2)=0$ の判別式を D とすると，

$\dfrac{D}{4}=a^2-(a+2)=0$

$a^2-a-2=0$

$(a+1)(a-2)=0$

よって，$a=\mathbf{-1,\ 2}$

85 $y=3\left(x-\dfrac{a}{6}\right)^2-\dfrac{a^2}{12}-a-b$ より，

軸は直線 $x=\dfrac{a}{6}$ ……①

また，2 次方程式 $3x^2-ax-a-b=0$ の判別式を D とすると，$D>0$ より，

$D=a^2-4\cdot3\cdot(-a-b)>0$

$a^2+12a+12b>0$

よって，$b>-\dfrac{a^2+12a}{12}$ ……②，③

また，グラフ C と x 軸の共有点の x 座標が 1 であることから，グラフ C は $(1,\ 0)$ を通るので，

$0=3-a-a-b$

したがって，$b=\mathbf{-2a+3}$ ……④，⑤

このとき，$y=3x^2-ax+a-3$ なので，

$3x^2-ax+(a-3)=0$ とすると，

$(x-1)(3x-a+3)=0$

1	-1	⟶	-3
3	$-(a-3)$	⟶	$-a+3$
3	$a-3$		$-a$

$x=1,\ \dfrac{a-3}{3}$

よって，もう 1 つの共有点の x 座標は，

$x=\mathbf{\dfrac{a-3}{3}}$ ……⑥，⑦

さらに，$-1\leqq\dfrac{a-3}{3}\leqq 0$ を解くと，

$\mathbf{0\leqq a\leqq 3}$ ……⑧，⑨

86 $x^2+2=3x-m$ として，

$x^2-3x+2+m=0$

この 2 次方程式の判別式を D として，

$D=9-4\cdot1\cdot(2+m)=1-4m$

$D=0$ より，$1-4m=0$

よって，$m=\mathbf{\dfrac{1}{4}}$

このとき，$x^2-3x+\dfrac{9}{4}=0$

$\left(x-\dfrac{3}{2}\right)^2=0$ より，$x=\dfrac{3}{2}$

$y=x^2+2$ に代入して，$y=\dfrac{17}{4}$

よって，接点は $\left(\mathbf{\dfrac{3}{2},\ \dfrac{17}{4}}\right)$

87 求める直線は x 軸に垂直ではないので，

$y=mx+n$ とおく。

$y=x^2+2$ と $y=mx+n$ が接することから，

$x^2+2=mx+n$

$x^2-mx+2-n=0$

この 2 次方程式の判別式を D_1 とすると，

$D_1=m^2-4(2-n)=0$

$m^2+4n-8=0$ ……①

$y=-x^2$ と $y=mx+n$ が接することから，

$-x^2=mx+n$

$x^2+mx+n=0$

この 2 次方程式の判別式を D_2 とすると，

$D_2=m^2-4n=0$ ……②

①－② より，$n=1$

①＋② より，$m=\pm2$

よって，求める共通接線は，

$\mathbf{y=2x+1,\ y=-2x+1}$

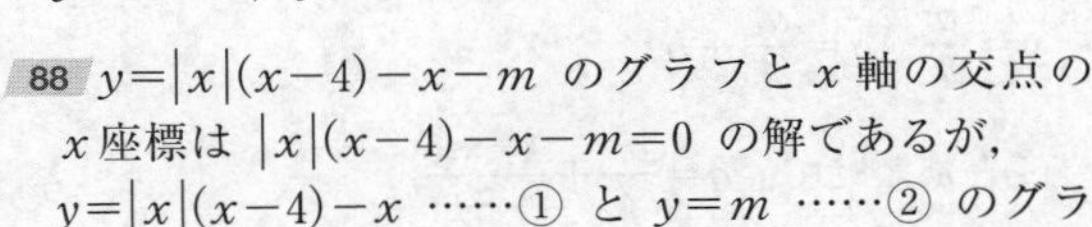

88 $y=|x|(x-4)-x-m$ のグラフと x 軸の交点の x 座標は $|x|(x-4)-x-m=0$ の解であるが，

$y=|x|(x-4)-x$ ……① と $y=m$ ……② のグラ

フの交点のx座標として考えることができる。

①は，$x \geqq 0$ のとき，$y=x^2-5x$

$$=\left(x-\frac{5}{2}\right)^2-\frac{25}{4}$$

$x<0$ のとき，$y=-x^2+3x$

$$=-\left(x-\frac{3}{2}\right)^2+\frac{9}{4}$$

であるから，①のグラフは下の図のようになる。

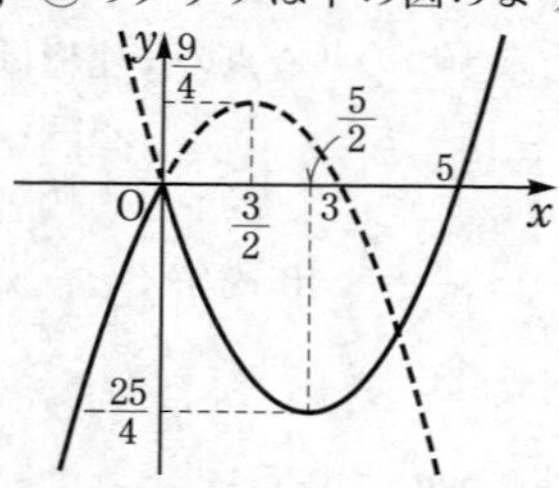

①と②のグラフが異なる3点で交わるので，

$$-\frac{25}{4}<m<0$$

☑注意

$|x|(x-4)-x-m=0$ を $|x|(x-4)-x=m$ と変形して，2つのグラフの交点の問題として考える。

25 2次関数と2次方程式 ② （p.50～51）

89 $2x^2-3x+1=-x^2-2x$

$3x^2-x+1=0$

判別式をDとすると，

$D=1-4 \cdot 3 \cdot 1=-11<0$

よって，2つのグラフは**共有点をもたない**。

90 $x^2=-x^2+ax+b$ の解が，2つの放物線の交点のx座標となる。

$2x^2-ax-b=0$ ……(iii) の判別式をDとすると，

$D=a^2-4 \cdot 2 \cdot (-b)>0$

よって，$\boldsymbol{a^2+8b>0}$ ……①

ここで，(iii)の解は $x=\dfrac{a \pm \sqrt{a^2+8b}}{4}$ より，

$$\frac{a+\sqrt{a^2+8b}}{4}-\frac{a-\sqrt{a^2+8b}}{4}=1$$

$\sqrt{a^2+8b}=2$

両辺を2乗して，$a^2+8b=4$ ……(iv)

ここで，(ii)の放物線は $y=-\left(x-\dfrac{a}{2}\right)^2+\dfrac{a^2}{4}+b$ と変形できるから，

$p=\dfrac{a}{2}$，$q=\dfrac{a^2}{4}+b$

④とあわせて，$q=\dfrac{a^2}{4}+\dfrac{4-a^2}{8}$

$$=\frac{1}{2}+\frac{a^2}{8}$$

$$=\frac{1}{2}+\frac{p^2}{2}$$

よって，$q=\boldsymbol{\dfrac{p^2}{2}+\dfrac{1}{2}}$ ……②

91 $x^2+4x+1=-x^2+a$

$2x^2+4x+1-a=0$ ……(i)

この方程式の判別式をDとして，

$\dfrac{D}{4}=2^2-2(1-a)=2+2a$

P_1，P_2が異なる2点で交わるとき，

$\dfrac{D}{4}>0$ より，$2+2a>0$

ゆえに，$\boldsymbol{a>-1}$ ……①

また，$a=-1$ のとき，(i)より，

$2x^2+4x+2=0$

$x^2+2x+1=0$

$(x+1)^2=0$

よって，$x=-1$

これを $y=-x^2-1$ に代入し，$y=-2$

したがって，接点は **(−1, −2)** ……②，③

92 (1) $y=f(x-1)$ のグラフは，$y=f(x)$ のグラフをx軸方向に1だけ平行移動したものである。

よって，

$$f(x-1)=\begin{cases} 0 & (x<-1,\ 3<x) \\ 4-(x-1)^2 & (-1 \leqq x \leqq 3) \end{cases}$$

よって，2つのグラフは下の図のようになる。

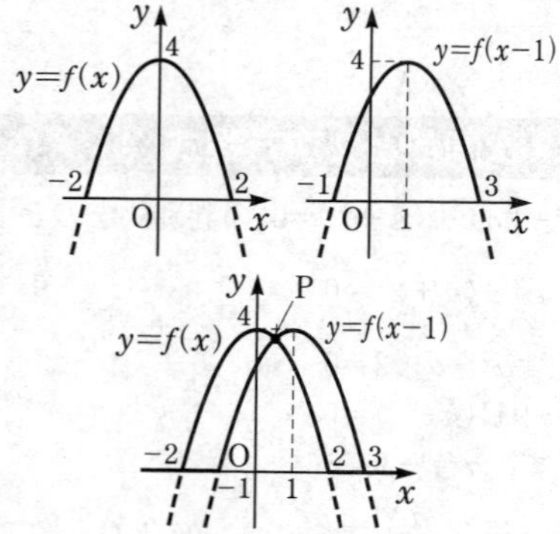

したがって，2つのグラフの交点Pは，$y=4-x^2$ と $y=4-(x-1)^2$ のグラフの交点を求めればよい。

$4-x^2=4-(x-1)^2$

$4-x^2=4-x^2+2x-1$

$x=\dfrac{1}{2}$

よって，$f(x)=f(x-1)$ となるのは，グラフから，

$$\boldsymbol{x \leqq -2,\ x=\frac{1}{2},\ 3 \leqq x}$$

(2) (1)のグラフから，$y=g(x)$ のグラフは次の図のようになる。

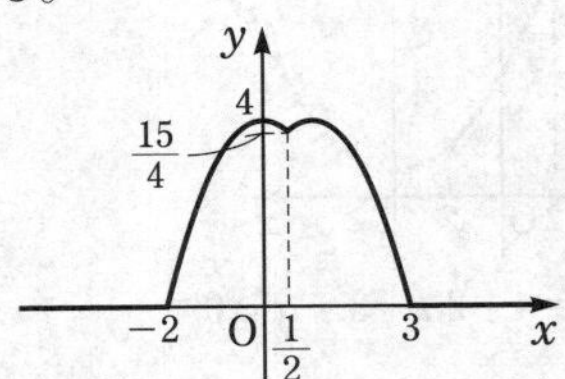

93 $x^2-ax+1=-x|x|$ ……①

$x^2+x|x|+1=ax$ ……(＊)

これより，①の解は(＊)の解と等しく，次の２つのグラフの共有点の x 座標として考えることができる。

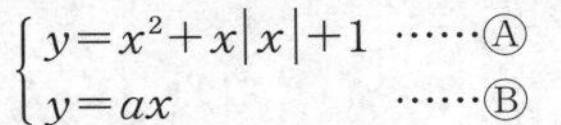

$\begin{cases} y=x^2+x|x|+1 & \text{……Ⓐ} \\ y=ax & \text{……Ⓑ} \end{cases}$

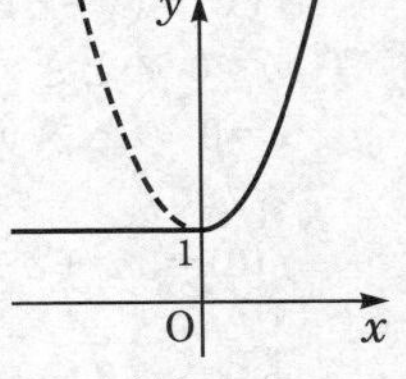

Ⓐのグラフは

$x\geqq 0$ のとき，$y=2x^2+1$

$x<0$ のとき，$y=1$

より，右の図のようになる。

(1) $a=0$ のとき，Ⓐ，Ⓑのグラフは共有点をもたないので，(＊)は実数解をもたない。

(2) $a<0$ のとき，Ⓑは原点を通る右下がりの直線であるから必ずⒶとただ１つの共有点をもつ。
よって，(＊)はただ１つの実数解をもつ。

(3) $a>0$ のとき，ⒶのグラフとⒷのグラフが接するのは，$2x^2+1=ax$ すなわち，$2x^2-ax+1=0$ が重解をもつときである。
このとき，$a^2-4\cdot 2\cdot 1=0$ より，$a=\pm 2\sqrt{2}$
$a>0$ から，$a=2\sqrt{2}$
よって，$0<a<2\sqrt{2}$ のとき，ⒶとⒷのグラフは共有点をもたない。
したがって，(＊)が実数解をもつ条件は，(1)，(2)とあわせて，$\boldsymbol{a<0,\ 2\sqrt{2}\leqq a}$

26 2次不等式 (p.52～53)

94 (1) $2x^2+x-3>0$

$(2x+3)(x-1)>0$

よって，$\boldsymbol{x<-\frac{3}{2},\ 1<x}$

(2) $x^2-(a-3)x-2(a-1)<0$

$\{x-(a-1)\}(x+2)<0$

(i) $-2<a-1$ すなわち $-1<a$ のとき

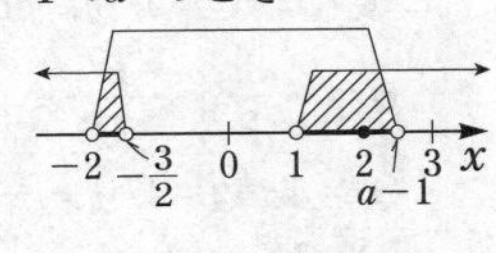

$2<a-1\leqq 3$
よって，$3<a\leqq 4$
これは $-1<a$ を満たす。

(ii) $-2=a-1$ のとき，②は解をもたない。

(iii) $a-1<-2$ すなわち $a<-1$ のとき

$-4\leqq a-1<-3$
よって，$-3\leqq a<-2$
これは $a<-1$ を満たす。

(i)～(iii)より，$\boldsymbol{-3\leqq a<-2,\ 3<a\leqq 4}$

95 $|x^2-6x-2|\neq 0$，$|x^2-6x-2|=-x^2+6x+2$

これより，

$x^2-6x-2<0$

$\{x-(3-\sqrt{11})\}\{x-(3+\sqrt{11})\}<0$

よって，$\boldsymbol{3-\sqrt{11}<x<3+\sqrt{11}}$

96 $-\frac{1}{4}<x<1$ を解とする２次不等式を考えて，

$\left(x+\frac{1}{4}\right)(x-1)<0$

$x^2-\frac{3}{4}x-\frac{1}{4}<0$

両辺に -4 をかけて，

$-4x^2+3x+1>0$

よって，$\boldsymbol{a=-4,\ b=3}$

97 $ax^2+1>(a+1)x$

$ax^2-(a+1)x+1>0$

$(ax-1)(x-1)>0$

(i) $a>0$，$a\neq 1$ のとき

$\left(x-\frac{1}{a}\right)(x-1)>0$

この不等式の解は $\frac{1}{a}$ と１の大きいほうを β，小さいほうを α とすると，$x<\alpha$，$\beta<x$ と表されるので，不適。

(ii) $a=1$ のとき

不等式は $(x-1)^2>0$ となり，その解は $\frac{1}{a}<x<1$ にはならないので，不適。

(iii) $a<0$ のとき

$\left(x-\frac{1}{a}\right)(x-1)<0$

よって，$\frac{1}{a}<x<1$

(i)～(iii)より，a の満たすべき範囲は，$\boldsymbol{a<0}$

98 ２つの方程式の判別式をそれぞれ D_1，D_2 とすると，

$\frac{D_1}{4}=a^2-4\geqq 0$ ……①

または，$\frac{D_2}{4}=a^2-2a-3\geqq 0$ ……②

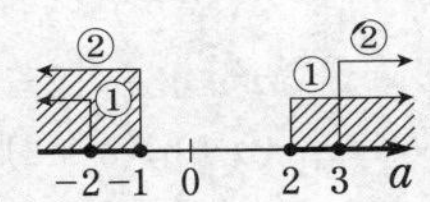

①より，$a\leqq -2$，$2\leqq a$

②より，$a\leqq -1$，$3\leqq a$

よって，$\boldsymbol{a\leqq -1,\ 2\leqq a}$

27 2次関数と2次不等式 (p.54〜55)

99 $ax^2+(1-2a)x+4a=0$ の判別式をDとすると，

$$\begin{cases} a>0 & \cdots\cdots① \\ D<0 & \cdots\cdots② \end{cases}$$

②より，

$D=(1-2a)^2-4\cdot a\cdot 4a$

$\quad=-12a^2-4a+1<0$

$12a^2+4a-1>0$

$(6a-1)(2a+1)>0$

よって，

$a<-\dfrac{1}{2},\ \dfrac{1}{6}<a\ \cdots\cdots②'$

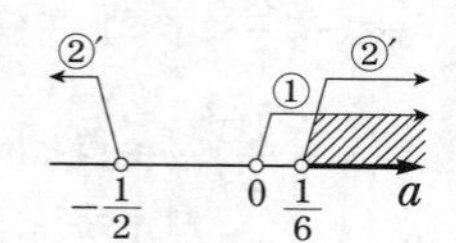

①，②′より，$\boldsymbol{\dfrac{1}{6}<a}$

100 (1) $a=1$ のときは，$x^2+x+2\geqq 0$ となるから，

$\left(x+\dfrac{1}{2}\right)^2+\dfrac{7}{4}\geqq 0$

よって，**すべての実数**で，不等式は成立する。

(2) $f(x)=x^2+ax+3-a$ とすると，

$f(x)=\left(x+\dfrac{a}{2}\right)^2-\dfrac{a^2}{4}-a+3$

(i) $-\dfrac{a}{2}<-2$ すなわち $a>4$ のとき

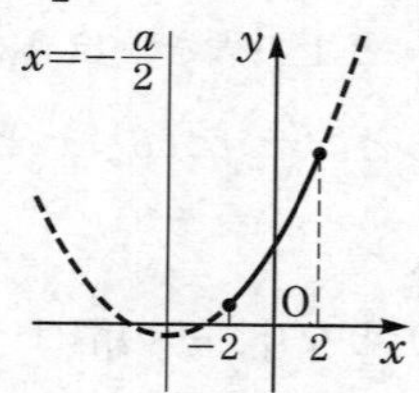

$f(-2)=4-2a+3-a\geqq 0$

$a\leqq\dfrac{7}{3}$

これは $a>4$ を満たさないので，不適。

(ii) $-2\leqq-\dfrac{a}{2}\leqq 2$ すなわち $-4\leqq a\leqq 4$ のとき

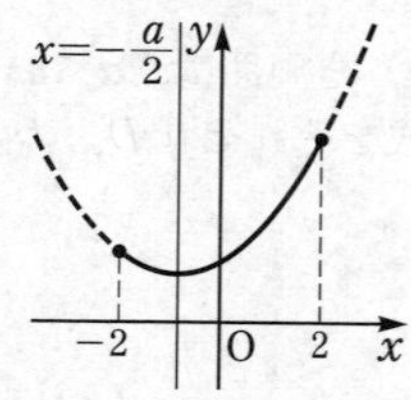

$f\left(-\dfrac{a}{2}\right)=\dfrac{-a^2-4a+12}{4}\geqq 0$

$a^2+4a-12\leqq 0$

$(a+6)(a-2)\leqq 0$

$-6\leqq a\leqq 2$

$-4\leqq a\leqq 4$ より，$-4\leqq a\leqq 2$

(iii) $2<-\dfrac{a}{2}$ すなわち $a<-4$ のとき

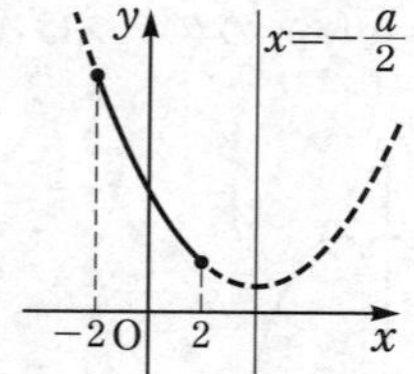
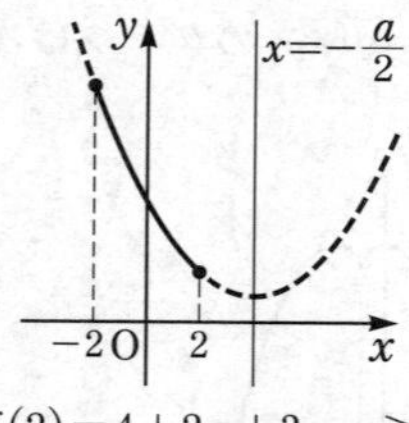

$f(2)=4+2a+3-a\geqq 0$

$a\geqq -7$

$a<-4$ より，$-7\leqq a<-4$

(i)〜(iii)より，$\boldsymbol{-7\leqq a\leqq 2}$

101 $f(x)=x^2-2ax+3a^2+a-1$ とおくと，

$f(x)=(x-a)^2+2a^2+a-1$

(i) $a<0$ のとき

$x=0$ のとき y は最小となるので，

$f(0)=3a^2+a-1>0$

よって，$a<\dfrac{-1-\sqrt{13}}{6}$，

$\dfrac{-1+\sqrt{13}}{6}<a$

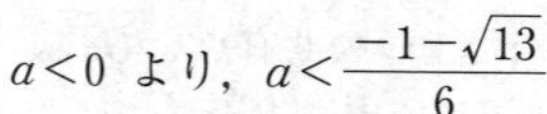

$a<0$ より，$a<\dfrac{-1-\sqrt{13}}{6}$

(ii) $0\leqq a<2$ のとき

$x=a$ のとき y は最小となるので，

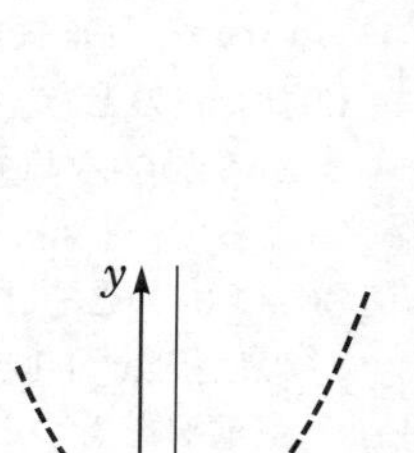

$f(a)=2a^2+a-1>0$

$(2a-1)(a+1)>0$

よって，$a<-1,\ \dfrac{1}{2}<a$

$0\leqq a<2$ より，$\dfrac{1}{2}<a<2$

(iii) $2\leqq a$ のとき

$x=2$ のとき y は最小となるので，

$f(2)=3a^2-3a+3>0$

$3\left(a-\dfrac{1}{2}\right)^2+\dfrac{9}{4}>0$

これは $2\leqq a$ において，つねに成立する。

(i)〜(iii)より，

$\boldsymbol{a<\dfrac{-1-\sqrt{13}}{6},\ \dfrac{1}{2}<a}$

102 (1) $f(-1)=0$ より，$a-b+c=0\ \cdots\cdots①$

$f(2)=3$ より，$4a+2b+c=3\ \cdots\cdots②$

①×2+② より，$6a+3c=3$

$\boldsymbol{a=-\dfrac{1}{2}c+\dfrac{1}{2}}$

①×4−② より，$-6b+3c=-3$

$\boldsymbol{b=\dfrac{1}{2}c+\dfrac{1}{2}}$

(2) (1)より，

$f(x)=\frac{1-c}{2}x^2+\frac{1+c}{2}x+c$

(1)と同様にして，

$g(x)=\frac{1-r}{2}x^2+\frac{1+r}{2}x+r$

よって，

$$g(x)-f(x)=\frac{c-r}{2}x^2+\frac{r-c}{2}x+(r-c)$$
$$=\frac{c-r}{2}(x^2-x-2)$$
$$=\frac{1}{2}(c-r)(x-2)(x+1)$$

ここで $c<r$，$-1<x<2$ より，$g(x)-f(x)>0$

よって，$g(x)>f(x)$

> ☑注意
> $g(x)>f(x)$ を示すためには，$g(x)-f(x)>0$ を証明すればよい。

28 2次不等式の利用 (p.56〜57)

103 (1)排水路の幅が x m であるから，畑地の面積は，

$(8-2x)(11-2x)=88-16x-22x+4x^2$

$=\mathbf{4x^2-38x+88}$ ……①，②，③

(2) $4x^2-38x+88\geqq70$

$4x^2-38x+18\geqq0$

$2x^2-19x+9\geqq0$

$(2x-1)(x-9)\geqq0$

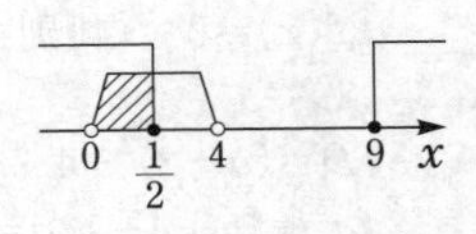

よって，$x\leqq\frac{1}{2}$，$9\leqq x$

ここで，$0<x<4$ より，$0<x\leqq\frac{1}{2}$

よって，排水路の幅は **50 cm 以下であればよい。**

104 $x^2-2x=t$ とすると，

$(t-11)^2+4t-76\leqq0$

$t^2-22t+121+4t-76\leqq0$

$t^2-18t+45\leqq0$

$(t-15)(t-3)\leqq0$

$3\leqq t\leqq15$

よって，$3\leqq x^2-2x\leqq15$ ……(＊)

$3\leqq x^2-2x$ より，

$x^2-2x-3\geqq0$

$(x-3)(x+1)\geqq0$

$x\leqq-1$，$3\leqq x$ ……①

$x^2-2x\leqq15$ より，

$x^2-2x-15\leqq0$

$(x-5)(x+3)\leqq0$

$-3\leqq x\leqq5$ ……②

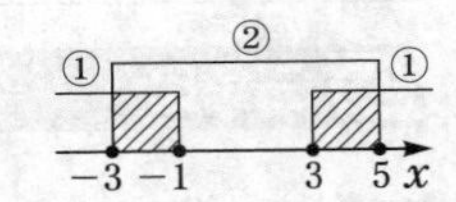

①，②より，$-3\leqq x\leqq-1$，$3\leqq x\leqq5$

したがって，(＊)を満たす整数は，

$-3,\ -2,\ -1,\ 3,\ 4,\ 5$

よって，これらの積は，

$(-3)\times(-2)\times(-1)\times3\times4\times5=\mathbf{-360}$

105 $x^2+y^2+z^2\geqq ax(y-z)$ より，

$x^2-a(y-z)x+y^2+z^2\geqq0$ ……①

ここで，x についての方程式

$x^2-a(y-z)x+y^2+z^2=0$ の判別式を D_1 とすると，①がすべての x について成立するので，

$D_1=a^2(y-z)^2-4(y^2+z^2)\leqq0$

整理して，

$(4-a^2)y^2+2a^2zy+(4-a^2)z^2\geqq0$ ……②

(i) $4-a^2=0$ すなわち $a=\pm2$ のとき

②は，$8yz\geqq0$ となり，すべての y，z について，この不等式が成立するわけではないので，不適。

(ii) $4-a^2\neq0$ のとき

y についての方程式

$(4-a^2)y^2+2a^2zy+(4-a^2)z^2=0$ の判別式を D_2 として，②がすべての y について成立するための必要十分条件は，

$$\begin{cases}4-a^2>0 & \text{……③}\\ \frac{D_2}{4}=a^4z^2-(4-a^2)^2z^2\leqq0 & \text{……④}\end{cases}$$

③より，$-2<a<2$ ……③′

④より，$z^2\{a^4-(4-a^2)^2\}\leqq0$

$8z^2(a^2-2)\leqq0$ ……④′

③′，④′がすべての実数 z について成立すればよいので，$\mathbf{-\sqrt{2}\leqq a\leqq\sqrt{2}}$

> ☑注意
> すべての t について，$at^2+bt+c\geqq0$（ただし，$a>0$）が成立するためには，$y=at^2+bt+c$ と t 軸の関係が右の図になっていればよい。

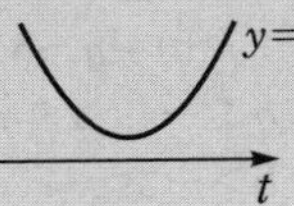

106 (1) $a^4+b^3\geqq a^3+ab^3$ より，

$a^3(a-1)-b^3(a-1)\geqq0$

$(a-1)(a^3-b^3)\geqq0$

$(a-1)(a-b)(a^2+ab+b^2)\geqq0$ ……①

ここで $a^2+ab+b^2=\left(a+\frac{b}{2}\right)^2+\frac{3b^2}{4}\geqq0$ より，

①がいかなる実数 a に対しても成立するための条件は，$(a-1)(a-b)\geqq0$ がすべての実数 a に対して成立することである。

ここで $f(a)=(a-1)(a-b)$ とおくと，

$f(a)=a^2-(b+1)a+b$

方程式 $f(a)=0$ の判別式を D とすると，$f(a)\geqq0$ がすべての実数 a について成立するには，$D=(b+1)^2-4b\leqq0$

$(b-1)^2\leqq0$

よって，$\mathbf{b=1}$

(2)(i) $b=1$ のとき,

(1)より, ①はいかなる整数 a に対しても成立する。

(ii) $b>1$ のとき,

すべての整数 a について $(a-1)(a-b)\geqq 0$ が成立する条件は,

$1<b\leqq 2$

b は整数より, $b=2$

(iii) $b<1$ のとき,

すべての整数 a について $(a-1)(a-b)\geqq 0$ が成立する条件は,

$0\leqq b<1$

b は整数より, $b=0$

(i)〜(iii)より, $b=\mathbf{0,\ 1,\ 2}$

29 2次方程式の解の存在範囲 (p.58〜59)

107 (1) 2次方程式 $x^2-(q+2)x+q+5=0$ の判別式を D とすると,

$D=(q+2)^2-4(q+5)\geqq 0$

$q^2+4q+4-4q-20\geqq 0$

$q^2-16\geqq 0$

よって, $\boldsymbol{q\leqq -4,\ 4\leqq q}$

(2) $f(x)=x^2-(q+2)x+q+5$ とすると, $y=f(x)$ のグラフは右の図のようになっていればよい。

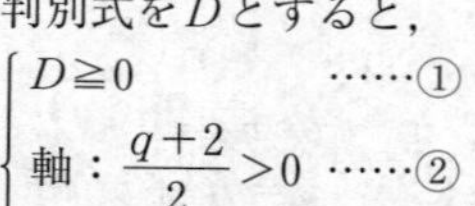

よって, 方程式 $f(x)=0$ の判別式を D とすると,

$$\begin{cases} D\geqq 0 & \cdots\cdots① \\ 軸:\dfrac{q+2}{2}>0 & \cdots\cdots② \\ y切片:f(0)=q+5>0 & \cdots\cdots③ \end{cases}$$

①より, $q\leqq -4,\ 4\leqq q$

②より, $q>-2$

③より, $q>-5$

①〜③より, $\boldsymbol{q\geqq 4}$

108 $f(x)=x^2+ax+a$ とおくと, $y=f(x)$ のグラフは右の図のようになる。

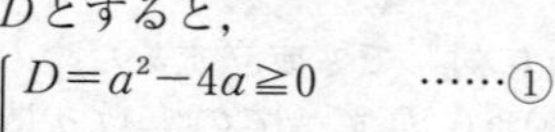

よって, この方程式の判別式を D とすると,

$$\begin{cases} D=a^2-4a\geqq 0 & \cdots\cdots① \\ 軸:-1<-\dfrac{a}{2}<1 & \cdots\cdots② \\ f(1)=2a+1>0 & \cdots\cdots③ \\ f(-1)=1>0 \text{ はつねに成立する。} \end{cases}$$

①より, $a\leqq 0,\ 4\leqq a$ ②より, $-2<a<2$

③より, $-\dfrac{1}{2}<a$

以上から, $\boldsymbol{-\dfrac{1}{2}<a\leqq 0}$

109 $f(x)=(m-3)x^2+(5-m)x+2(2m-7)$ とする。

(i) $m-3>0$ すなわち $m>3$ のとき

$f(2)=4(m-3)+2(5-m)+2(2m-7)<0$

$6m-16<0$

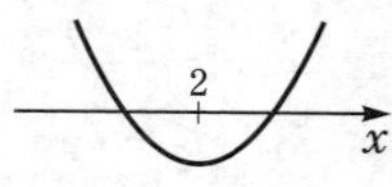

よって, $m<\dfrac{8}{3}$

これは, $m>3$ を満たさないので, 不適。

(ii) $m-3<0$ すなわち $m<3$ のとき

$f(2)=6m-16>0$

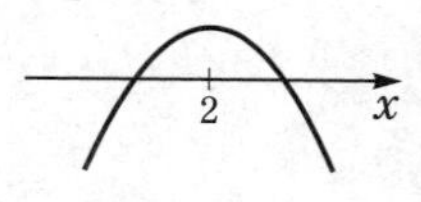

$m>\dfrac{8}{3}$

よって, $\dfrac{8}{3}<m<3$

(i), (ii)より, $\boldsymbol{\dfrac{8}{3}<m<3}$ …①, ②

110 $f(x)=x^2-(a+2)x+3a$ とおく。

(i) $f(x)=0$ が $-1\leqq x\leqq 1$ の範囲に1つと, それ以外の範囲に1つの解をもつとき,

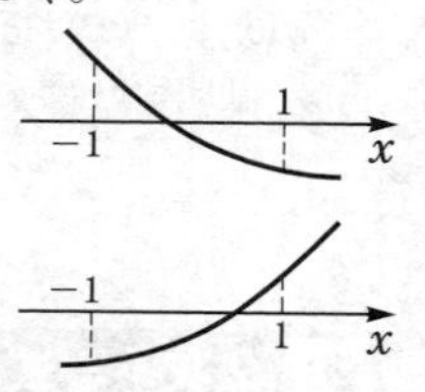

$f(-1)\cdot f(1)\leqq 0$

$(4a+3)(2a-1)\leqq 0$

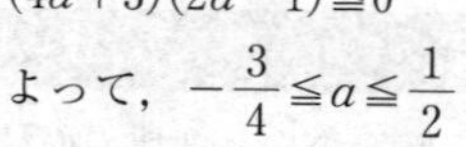

よって, $-\dfrac{3}{4}\leqq a\leqq \dfrac{1}{2}$

(ii) $f(x)=0$ が $-1\leqq x\leqq 1$ の範囲に重解をもつとき, 軸の位置を考えて, $-1\leqq\dfrac{a+2}{2}\leqq 1$

よって, $-4\leqq a\leqq 0$ ……①

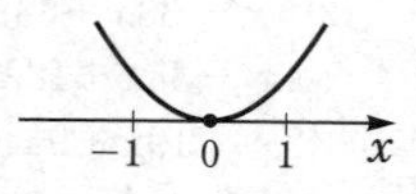

$f(x)=0$ の判別式を D として,

$D=(a+2)^2-4\cdot 3a=0$

$a^2+4a+4-12a=0$

$a^2-8a+4=0$

よって, $a=4\pm\sqrt{12}=4\pm 2\sqrt{3}$

これは①を満たさないので, 不適。

(i), (ii)より, $\boldsymbol{-\dfrac{3}{4}\leqq a\leqq\dfrac{1}{2}}$

> ☑ 注意
> $-1\leqq x\leqq 1$ にある解が, 重解である場合とそうでない場合に分けて考える。

第4章 図形と計量

30 三角比 (p.60〜61)

111 (1) $\boldsymbol{\sin\theta=\dfrac{3}{5},\ \cos\theta=\dfrac{4}{5},\ \tan\theta=\dfrac{3}{4}}$

(2) $\mathrm{BD}=x\,\mathrm{cm},\ \mathrm{DC}=y\,\mathrm{cm}$ とする。

$\tan 30^\circ=\dfrac{10}{x}$ より，

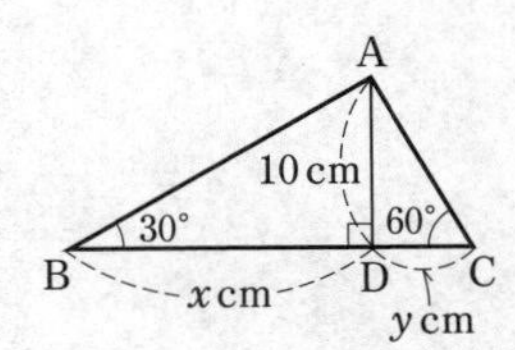

$x=\dfrac{10}{\dfrac{1}{\sqrt{3}}}=10\sqrt{3}$

$\tan 60^\circ=\dfrac{10}{y}$ より，

$y=\dfrac{10}{\sqrt{3}}=\dfrac{10}{3}\sqrt{3}$

よって，$BC=x+y=10\sqrt{3}+\dfrac{10}{3}\sqrt{3}$

$$=\mathbf{\frac{40}{3}\sqrt{3}\ (cm)}$$

112 右の図において，

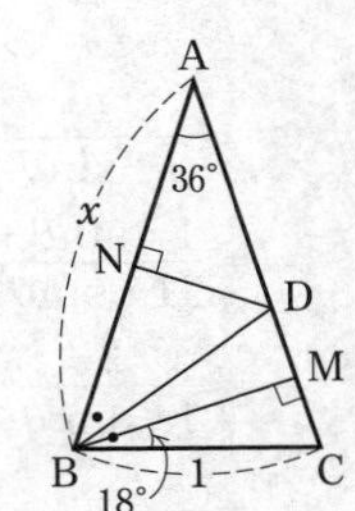

$\triangle ABC \backsim \triangle BCD$ より，

$AB:BC=BC:CD$

$x:1=1:(x-1)$

$x(x-1)=1$

$x^2-x-1=0$

$x>0$ より，$x=\dfrac{1+\sqrt{5}}{2}$

(1) CD の中点をMとすると，$\angle CBM=18^\circ$ だから，

$\sin 18^\circ=\dfrac{CM}{BC}=\dfrac{CD}{2}=\dfrac{x-1}{2}=\mathbf{\dfrac{\sqrt{5}-1}{4}}$

(2) AB の中点をNとすると，

$\cos 36^\circ=\dfrac{AN}{AD}=\dfrac{x}{2}=\mathbf{\dfrac{1+\sqrt{5}}{4}}$

113 (1) $\dfrac{a+b}{7}=\dfrac{b+c}{8}=\dfrac{c+a}{9}=k\ (k>0)$ とおくと，

$a+b=7k$ ……①

$b+c=8k$ ……②

$c+a=9k$ ……③

①，②，③の辺々を加えると，

$2(a+b+c)=24k$

$a+b+c=12k$

①～③より，$a=4k$，$b=3k$，$c=5k$

よって，$a^2+b^2=c^2$ となるので，$\triangle ABC$ は

$\angle C=90^\circ$ の直角三角形である。

(2)右の図より，

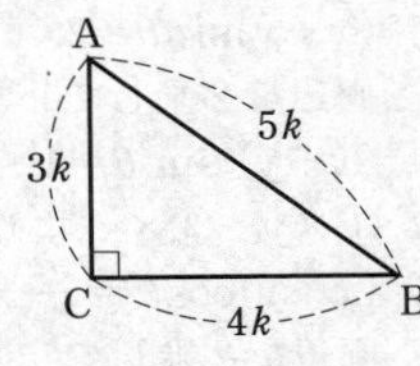

$\sin A=\dfrac{4k}{5k}=\mathbf{\dfrac{4}{5}}$

$\sin B=\dfrac{3k}{5k}=\mathbf{\dfrac{3}{5}}$

$\sin C=\sin 90^\circ=\mathbf{1}$

☑注意

a，b，c の関係が比例式で表されているときは，

$\dfrac{a}{x}=\dfrac{b}{y}=\dfrac{c}{z}=k\ (k>0)$ とおくと，$a=kx$，

$b=ky$，$c=kz$ と表すことができる。

114 右の図のように，BC の中点をM，AM と SR の交点をNとすると，$\triangle ABC$ は $AB=AC$ の二等辺三角形であるから，

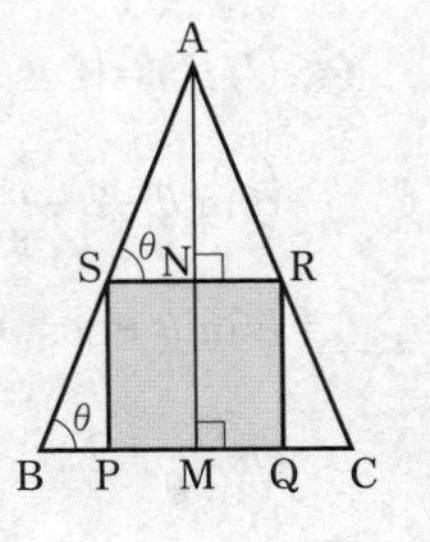

$\angle AMB=\angle ANS=90^\circ$

$PQ=a$ とすると，$SN=\dfrac{a}{2}$

ここで，

$\sin\theta=\dfrac{AM}{AB}$ より，$AM=\sin\theta$ であるから，

$AN=AM-NM=\sin\theta-a$

よって，$\triangle ASN$ において，

$\dfrac{AN}{SN}=\tan\theta$

$\dfrac{\sin\theta-a}{\dfrac{a}{2}}=\tan\theta$

$2(\sin\theta-a)=a\tan\theta$

$a(\tan\theta+2)=2\sin\theta$

よって，$a=\mathbf{\dfrac{2\sin\theta}{\tan\theta+2}}$

31 三角比の相互関係 (p.62～63)

115 $\cos^2\theta=1-\sin^2\theta$

$=1-\left(\dfrac{\sqrt{2}}{3}\right)^2=\dfrac{7}{9}$

$90^\circ\leqq\theta\leqq180^\circ$ より，$\cos\theta<0$ であるから，

$\cos\theta=\mathbf{-\dfrac{\sqrt{7}}{3}}$

また，$\tan\theta=\dfrac{\sin\theta}{\cos\theta}$

$=\dfrac{\dfrac{\sqrt{2}}{3}}{-\dfrac{\sqrt{7}}{3}}=-\dfrac{\sqrt{2}}{\sqrt{7}}=\mathbf{-\dfrac{\sqrt{14}}{7}}$

116 $1+\tan^2\theta=\dfrac{1}{\cos^2\theta}$ より，

$\cos^2\theta=\dfrac{1}{1+\left(-\dfrac{1}{2}\right)^2}=\dfrac{4}{5}$

$0^\circ\leqq\theta\leqq180^\circ$ かつ $\tan\theta<0$ より，$90^\circ<\theta\leqq180^\circ$ であるから，$\cos\theta<0$

よって，$\cos\theta=-\dfrac{2}{\sqrt{5}}=\mathbf{-\dfrac{2}{5}\sqrt{5}}$

また，$\sin\theta=\tan\theta\cos\theta=\left(-\dfrac{1}{2}\right)\cdot\left(-\dfrac{2}{5}\sqrt{5}\right)$

$=\mathbf{\dfrac{\sqrt{5}}{5}}$

117 (与式)$=\left(\cos^2\theta-2+\dfrac{1}{\cos^2\theta}\right)$

$+\left(\sin^2\theta-2+\dfrac{1}{\sin^2\theta}\right)-\left(\tan^2\theta-2+\dfrac{1}{\tan^2\theta}\right)$

$=(\sin^2\theta+\cos^2\theta)+\dfrac{1}{\cos^2\theta}+\dfrac{1}{\sin^2\theta}-\tan^2\theta$

$-\dfrac{1}{\tan^2\theta}-2$

$=1+\dfrac{1}{\cos^2\theta}+\dfrac{1}{\sin^2\theta}-\dfrac{\sin^2\theta}{\cos^2\theta}-\dfrac{\cos^2\theta}{\sin^2\theta}-2$

$=\dfrac{1-\sin^2\theta}{\cos^2\theta}+\dfrac{1-\cos^2\theta}{\sin^2\theta}-1$

$=\dfrac{\cos^2\theta}{\cos^2\theta}+\dfrac{\sin^2\theta}{\sin^2\theta}-1$

$=\mathbf{1}$

118 (1) $\sin\theta+\cos\theta=\dfrac{1}{2}$ の両辺を 2 乗して，

$\sin^2\theta+2\sin\theta\cos\theta+\cos^2\theta=\dfrac{1}{4}$

$1+2\sin\theta\cos\theta=\dfrac{1}{4}$

よって，$\sin\theta\cos\theta=\mathbf{-\dfrac{3}{8}}$

(2) $\sin\theta>0$，$\sin\theta\cos\theta<0$ より，$\cos\theta<0$

よって，$\sin\theta-\cos\theta>0$

$(\sin\theta-\cos\theta)^2=1-2\sin\theta\cos\theta$

$=1-2\cdot\left(-\dfrac{3}{8}\right)$

$=\dfrac{7}{4}$

$\sin\theta-\cos\theta>0$ より，$\sin\theta-\cos\theta=\mathbf{\dfrac{\sqrt{7}}{2}}$

(3) $\sin^4\theta-\cos^4\theta=(\sin^2\theta+\cos^2\theta)(\sin^2\theta-\cos^2\theta)$

$=(\sin\theta+\cos\theta)(\sin\theta-\cos\theta)$

$=\dfrac{1}{2}\cdot\dfrac{\sqrt{7}}{2}$

$=\mathbf{\dfrac{\sqrt{7}}{4}}$

(4) $\begin{cases}\sin\theta+\cos\theta=\dfrac{1}{2} & \cdots\cdots①\\ \sin\theta-\cos\theta=\dfrac{\sqrt{7}}{2} & \cdots\cdots②\end{cases}$

①+② より，$\sin\theta=\dfrac{1+\sqrt{7}}{4}$

①−② より，$\cos\theta=\dfrac{1-\sqrt{7}}{4}$

よって，$\tan\theta=\dfrac{\sin\theta}{\cos\theta}=\dfrac{\frac{1+\sqrt{7}}{4}}{\frac{1-\sqrt{7}}{4}}$

$=\dfrac{1+\sqrt{7}}{1-\sqrt{7}}$

$=\dfrac{(1+\sqrt{7})^2}{1-7}$

$=-\dfrac{8+2\sqrt{7}}{6}$

$=\mathbf{-\dfrac{4+\sqrt{7}}{3}}$

☑注意

$\sin\theta+\cos\theta=a$ の条件式は，両辺を 2 乗することで $\sin\theta\cos\theta$ の値を求めることができる。

119 (1) $\dfrac{1}{1+\sin\theta}+\dfrac{1}{1-\sin\theta}$

$=\dfrac{1-\sin\theta+(1+\sin\theta)}{(1+\sin\theta)(1-\sin\theta)}$

$=\dfrac{2}{1-\sin^2\theta}$

$=\dfrac{2}{\cos^2\theta}$

$=2(1+\tan^2\theta)$

$=\mathbf{10}$

(2) $\dfrac{1+2\sin\theta\cos\theta}{\cos^2\theta-\sin^2\theta}$

$=\dfrac{\dfrac{1}{\cos^2\theta}+2\cdot\dfrac{\sin\theta}{\cos\theta}}{1-\dfrac{\sin^2\theta}{\cos^2\theta}}$

$=\dfrac{(1+\tan^2\theta)+2\tan\theta}{1-\tan^2\theta}$

$=\dfrac{(1+2^2)+2\cdot2}{1-2^2}$

$=\mathbf{-3}$

120 $\begin{cases}x\sin\theta+\cos\theta=1 & \cdots\cdots①\\ y\sin\theta-\cos\theta=1 & \cdots\cdots②\end{cases}$

①+② より，

$(x+y)\sin\theta=2$

両辺を 2 乗して，

$(x+y)^2\sin^2\theta=4$ ……③

①×y−②×x より，

$(x+y)\cos\theta=y-x$

両辺を 2 乗して，

$(x+y)^2\cos^2\theta=(y-x)^2$ ……④

③+④ より，

$(x+y)^2(\sin^2\theta+\cos^2\theta)=4+(y-x)^2$

$(x+y)^2=4+(y-x)^2$

$4xy=4$

よって，$\boldsymbol{xy=1}$

32 三角比の応用 (p.64～65)

121 $\sin 55^\circ=\sin(90^\circ-35^\circ)=\cos 35^\circ$

$\tan 55^\circ=\tan(90^\circ-35^\circ)=\dfrac{1}{\tan 35^\circ}$

であるから，

$(\text{与式})=\{\tan 35^\circ\cdot\sin 55^\circ\}^2+\{\tan 55^\circ\cdot\sin 35^\circ\}^2$
$\quad+(1+\tan^2 35^\circ)\cdot(\cos 35^\circ)^2$

$=\{\tan 35^\circ\cdot\cos 35^\circ\}^2+\left\{\dfrac{1}{\tan 35^\circ}\cdot\sin 35^\circ\right\}^2$

$\quad+\dfrac{1}{\cos^2 35^\circ}\cdot\cos^2 35^\circ$

$=\sin^2 35^\circ+\cos^2 35^\circ+1=\mathbf{2}$

122 $2\cos^2\theta-\sin\theta=1$

$2(1-\sin^2\theta)-\sin\theta=1$

$2\sin^2\theta+\sin\theta-1=0$

$(2\sin\theta-1)(\sin\theta+1)=0$

$0^\circ\leqq\theta\leqq180^\circ$ より，

$0\leqq\sin\theta\leqq1$ であるから，

$\sin\theta=\dfrac{1}{2}$

よって，$\boldsymbol{\theta=30^\circ,\ 150^\circ}$

123 $\sin\theta+5\cos\theta=5$ より，

$\sin\theta=5(1-\cos\theta)$

両辺を2乗して，

$\sin^2\theta=25(1-\cos\theta)^2$

ここで，$\sin^2\theta=1-\cos^2\theta$ より，

$1-\cos^2\theta=25(1-\cos\theta)^2$

$(1+\cos\theta)(1-\cos\theta)=25(1-\cos\theta)^2$

ここで，$0^\circ<\theta<180^\circ$ より，$1-\cos\theta\neq0$ だから，

$1+\cos\theta=25(1-\cos\theta)$

よって，$\cos\theta=\dfrac{12}{13}$

ここで，$\tan^2\theta=\dfrac{1}{\cos^2\theta}-1=\dfrac{169}{144}-1$

$=\dfrac{25}{144}$

$\tan\theta>0$ より，$\tan\theta=\boldsymbol{\dfrac{5}{12}}$

124 $0^\circ\leqq\theta<90^\circ$ より，$\cos\theta>0$ であるから，不等式の両辺に $\cos\theta$ をかけると，$2\cos^2\theta>3\sin\theta$

これより，$2(1-\sin^2\theta)>3\sin\theta$

$2\sin^2\theta+3\sin\theta-2<0$

$(2\sin\theta-1)(\sin\theta+2)<0$

ここで，$\sin\theta+2>0$ より，

$2\sin\theta-1<0$

すなわち，$\sin\theta<\dfrac{1}{2}$

$0^\circ\leqq\theta<90^\circ$ より，求める θ の範囲は，

$\boldsymbol{0^\circ\leqq\theta<30^\circ}$

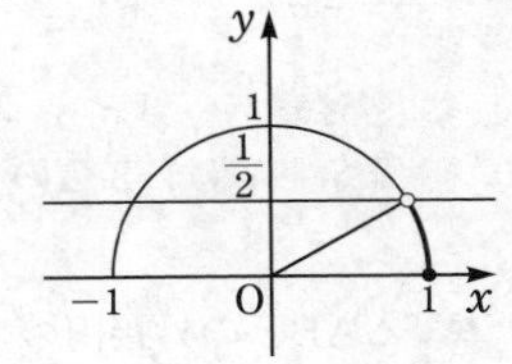

125 $f(\theta)=2\cos\theta-2\sin^2\theta+4$ $(0^\circ\leqq\theta\leqq180^\circ)$

ここで $\cos\theta=t$ とすると，

$2\cos\theta-2\sin^2\theta+4=2t-2(1-t^2)+4$

$=2t^2+2t+2$ ……(i)

(i)を $g(t)$ とおくと，

$g(t)=2t^2+2t+2$

$=2\left(t+\dfrac{1}{2}\right)^2+\dfrac{3}{2}$ $(-1\leqq t\leqq1)$

$t=-\dfrac{1}{2}$ すなわち，

$\boldsymbol{\theta=120^\circ}$ のとき，……①

最小値 $\boldsymbol{\dfrac{3}{2}}$ ……②

$t=1$ すなわち，

$\boldsymbol{\theta=0^\circ}$ のとき，……③

最大値 **6** ……④

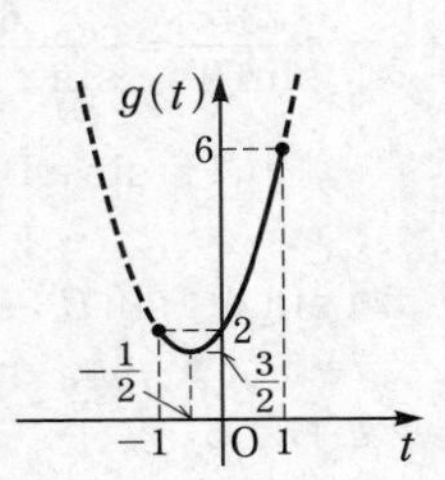

> **注意**
> $0^\circ\leqq\theta\leqq180^\circ$ のとき，$\cos\theta=t$ とすると，
> $-1\leqq t\leqq1$
> $\sin\theta=t$ とすると，$0\leqq t\leqq1$ であることに注意する。

126 判別式を D として，

$\dfrac{D}{4}=\cos^2\theta-\sin^2\theta\geqq0$

$\cos^2\theta-(1-\cos^2\theta)\geqq0$

$2\cos^2\theta-1\geqq0$

$\cos^2\theta-\dfrac{1}{2}\geqq0$

$\left(\cos\theta+\dfrac{1}{\sqrt{2}}\right)\left(\cos\theta-\dfrac{1}{\sqrt{2}}\right)\geqq0$

よって，

$\cos\theta\leqq-\dfrac{1}{\sqrt{2}},\ \dfrac{1}{\sqrt{2}}\leqq\cos\theta$

$0^\circ<\theta<180^\circ$ より，求める θ の範囲は，

$\boldsymbol{0^\circ<\theta\leqq45^\circ,\ 135^\circ\leqq\theta<180^\circ}$

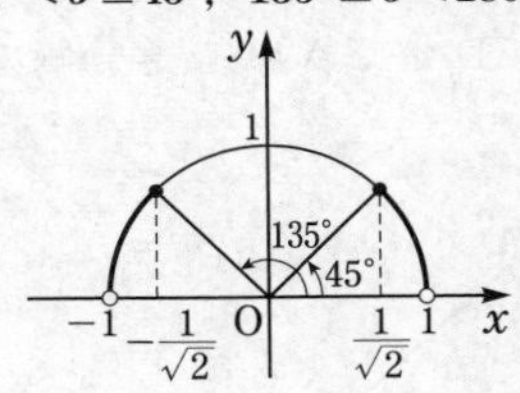

33 正弦定理・余弦定理 ① (p.66～67)

127 (1)右の図の △ABD において，∠A＝90°，

AD：AB＝$\sqrt{3}$：1 より，

∠ABD＝60°

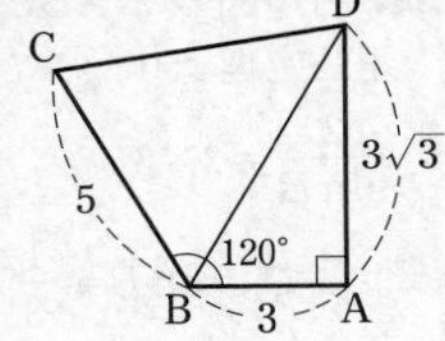

よって，$\angle CBD = 120° - 60°$
$= \mathbf{60°}$

(2) BD=6 だから，△BCD に余弦定理を用いると，
$CD^2 = 5^2 + 6^2 - 2 \cdot 5 \cdot 6 \cdot \cos 60°$
$= 31$
よって，$CD = \boldsymbol{\sqrt{31}}$

(3) △BCD に正弦定理を用いると，
$\dfrac{\sqrt{31}}{\sin 60°} = \dfrac{6}{\sin \angle BCD}$
よって，$\sin \angle BCD = \dfrac{6}{\sqrt{31}} \sin 60° = \boldsymbol{\dfrac{3}{31}\sqrt{93}}$

128 $\sin A : \sin B : \sin C = a : b : c$ より，
$a = 5k,\ b = 6k,\ c = 7k\ (k > 0)$
とおける。
三角形では，最大辺の対角が最大角であるから，最大角は ∠C
よって，余弦定理より，
$\cos\theta = \cos C$
$= \dfrac{(5k)^2 + (6k)^2 - (7k)^2}{2 \cdot 5k \cdot 6k} = \boldsymbol{\dfrac{1}{5}}$

129 右の図において，
BD : DC=5 : 7 より，
$BD = 8 \times \dfrac{5}{5+7}$
$= \boldsymbol{\dfrac{10}{3}}$ ……②

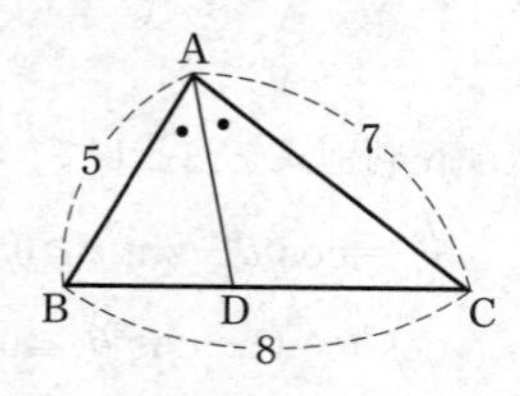

また，△ABC において，余弦定理を用いると，
$\cos B = \dfrac{5^2 + 8^2 - 7^2}{2 \cdot 5 \cdot 8} = \dfrac{1}{2}$
さらに，△ABD において，余弦定理を用いると，
$AD^2 = 5^2 + \left(\dfrac{10}{3}\right)^2 - 2 \cdot 5 \cdot \dfrac{10}{3} \cdot \cos B = \dfrac{175}{9}$
よって，$AD = \boldsymbol{\dfrac{5}{3}\sqrt{7}}$ ……①

☑**注意**
△ABC において，AD が ∠A の二等分線であるとき，
AB : AC=BD : DC

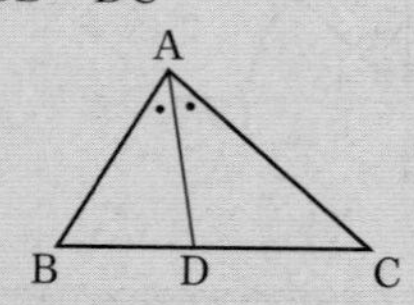

130 右の図の △ABC において，
正弦定理より，
$\dfrac{2}{\sin B} = 2 \times 3$
よって，$\sin B = \dfrac{1}{3}$

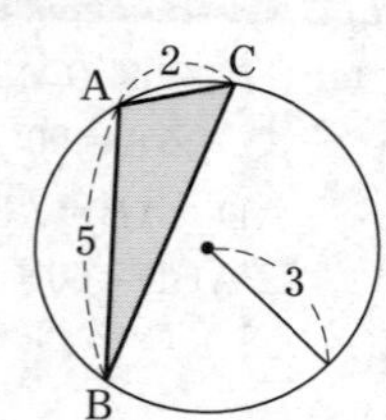

ここで，$B < 90°$ より，
$\cos B > 0$ であるから，
$\cos B = \sqrt{1 - \left(\dfrac{1}{3}\right)^2} = \dfrac{2}{3}\sqrt{2}$
$BC = a$ として，△ABC に余弦定理を用いると，
$2^2 = 5^2 + a^2 - 2 \cdot 5 \cdot a \cdot \cos B$
$3a^2 - 20\sqrt{2}\,a + 63 = 0$
ゆえに，$a = \boldsymbol{\dfrac{10\sqrt{2} \pm \sqrt{11}}{3}}$ ……①，②

131 右の図の △ABC において，
余弦定理を用いると，
$AC^2 = 8^2 + 7^2 - 2 \cdot 8 \cdot 7 \cdot \cos 120°$
$= 169$
よって，$AC = \mathbf{13}$ ……①
△ABC において，正弦定理を用いると，$\dfrac{13}{\sin 120°} = 2R$
よって，$R = \boldsymbol{\dfrac{13}{3}\sqrt{3}}$ ……②
さらに，△ACD において，正弦定理を用いると，
$\dfrac{8}{\sin \angle ACD} = 2 \times \dfrac{13\sqrt{3}}{3}$
したがって，$\sin \angle ACD = \boldsymbol{\dfrac{4}{13}\sqrt{3}}$ ……③

34 正弦定理・余弦定理 ② (p.68〜69)

132 三角形の 3 辺の長さが 3，4，x であるから，
$4 - 3 < x < 3 + 4$
すなわち，$1 < x < 7$ ……①
(1)(i) 4 が最大辺であるとき
$4^2 = 3^2 + x^2$
よって，$x = \sqrt{7}$
(ii) x が最大辺であるとき
$x^2 = 3^2 + 4^2$
よって，$x = 5$
①と(i)，(ii)より，$\boldsymbol{x = \sqrt{7},\ 5}$
(2)(i) 4 が最大辺であるとき
$4^2 < 3^2 + x^2$
よって，$\sqrt{7} < x < 4$
(ii) x が最大辺であるとき
$x^2 < 3^2 + 4^2$
よって，$4 < x < 5$
さらに $x = 4$ のときも鋭角三角形となる。
①と(i)，(ii)より，$\boldsymbol{\sqrt{7} < x < 5}$

☑**注意**
三角形では，2 辺の和は他の 1 辺より長い。

133 △ABC の外接円の半径を R とする。

(1) $\sin A-2\cos B\sin C=0$

$\dfrac{a}{2R}-2\cdot\dfrac{c^2+a^2-b^2}{2ca}\cdot\dfrac{c}{2R}=0$

$a-\dfrac{c^2+a^2-b^2}{a}=0$

$a^2-(c^2+a^2-b^2)=0$

$b^2-c^2=0$

$(b-c)(b+c)=0$

$b+c>0$ より，$b=c$

ゆえに，**AC=AB の二等辺三角形**

(2) $\sin C(\cos A+\cos B)=\sin A+\sin B$

$\dfrac{c}{2R}\left(\dfrac{b^2+c^2-a^2}{2bc}+\dfrac{c^2+a^2-b^2}{2ca}\right)=\dfrac{a}{2R}+\dfrac{b}{2R}$

$\dfrac{b^2+c^2-a^2}{2b}+\dfrac{c^2+a^2-b^2}{2a}=a+b$

$a(b^2+c^2-a^2)+b(c^2+a^2-b^2)=2ab(a+b)$

$-ab^2+ac^2-a^3+bc^2-a^2b-b^3=0$

$(a+b)c^2-ab(a+b)-(a^3+b^3)=0$

$(a+b)\{c^2-ab-(a^2-ab+b^2)\}=0$

$(a+b)(c^2-a^2-b^2)=0$

$a+b>0$ より，$c^2=a^2+b^2$

ゆえに，**∠C=90° の直角三角形**

134 AB$=c$，BC$=a$，CA$=b$ とすると，

$c=2$ より，

$a^2=2b$ ……(i)

$b<a<2$ ……(ii)

さらに，三角形の3辺，a，b，2 について，

$2<a+b$ ……(iii)

が成り立つ。

(i)，(ii)，(iii)より，

$a^2<2a<4$ ……(iv)

$2<a+\dfrac{a^2}{2}$ ……(v)

(iv)より，$0<a<2$

(v)より，$a<-1-\sqrt{5}$，$-1+\sqrt{5}<a$

よって，$-1+\sqrt{5}<a<2$

すなわち，

$\boldsymbol{-1+\sqrt{5}<\mathrm{BC}<2}$ ……①

また，$4\cos A=\mathrm{BC}^2+1$ のとき，余弦定理より，

$4\cdot\dfrac{b^2+c^2-a^2}{2bc}=a^2+1$

$c=2$ と(i)を代入して，整理すると，

$b^2+3b-4=0$

$(b+4)(b-1)=0$

$b>0$ より，$b=1$

よって，$a^2=2$ より，$a=\sqrt{2}$

すなわち，$\mathrm{BC}=\boldsymbol{\sqrt{2}}$ ……②

これは①を満たす。

135 $4b=a^2-2a-3$ ……①

$4c=a^2+3$ ……②

①より，$4b=(a+1)(a-3)$

$b>0$ より，$a>3$ ……③

②−① より，$4(c-b)=2a+6>0$

よって，$c>b$ ……④

また，②より，

$4c-4a=a^2+3-4a$

$4(c-a)=(a-1)(a-3)>0$ (③より)

よって，$c>a$ ……⑤

④，⑤より，最大辺は c である。

$\cos C$

$=\dfrac{a^2+b^2-c^2}{2ab}$

$=\dfrac{16a^2+(4b)^2-(4c)^2}{2ab}\times\dfrac{1}{16}$

$=\dfrac{16a^2+(a^2-2a-3)^2-(a^2+3)^2}{32ab}$

$=\dfrac{16a^2+a^4+4a^2+9-4a^3+12a-6a^2-a^4-6a^2-9}{32ab}$

$=\dfrac{-4a^3+8a^2+12a}{32ab}$

$=\dfrac{-4a}{32ab}(a^2-2a-3)$

$=\dfrac{-4a}{32ab}\cdot 4b$

$=-\dfrac{1}{2}$

$0°<C<180°$ より，$C=120°$

よって，30° の **4倍**になる。

☑ 注意

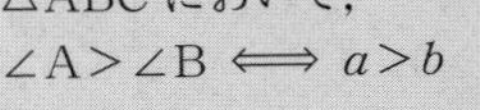

△ABC において，

∠A>∠B ⟺ $a>b$

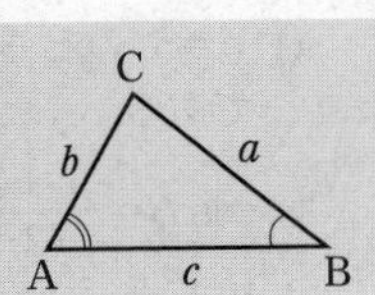

35 図形の面積 (p.70〜71)

136 (1) $S=\dfrac{1}{2}ar+\dfrac{1}{2}br+\dfrac{1}{2}cr$

$=\dfrac{a+b+c}{2}r$

ゆえに，$r=\dfrac{2S}{a+b+c}$

(2) $S=\dfrac{1}{2}bc\sin A$

ここで，正弦定理より，$\dfrac{a}{\sin A}=2R$ であるから，

$S=\dfrac{1}{2}bc\cdot\dfrac{a}{2R}$

ゆえに，$R=\dfrac{abc}{4S}$

137 右の図において，

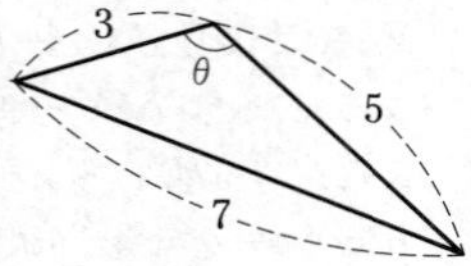

余弦定理より，

$\cos\theta=\dfrac{3^2+5^2-7^2}{2\cdot3\cdot5}$

$=\dfrac{-15}{30}=-\dfrac{1}{2}$

よって，$\sin\theta=\sqrt{1-\left(-\dfrac{1}{2}\right)^2}=\dfrac{\sqrt{3}}{2}$

正弦定理より，$\dfrac{7}{\sin\theta}=2R$

よって，$R=\mathbf{\dfrac{7}{3}\sqrt{3}}$

また，$S=\dfrac{1}{2}\cdot3\cdot5\cdot\sin\theta=\dfrac{15}{4}\sqrt{3}$

よって，$r=\dfrac{2S}{a+b+c}=\dfrac{2\cdot\dfrac{15}{4}\sqrt{3}}{3+5+7}=\mathbf{\dfrac{\sqrt{3}}{2}}$

138 (1)正弦定理より，

$\dfrac{7}{\sin60^\circ}=\dfrac{8}{\sin B}=2R$

よって，$R=\mathbf{\dfrac{7}{3}\sqrt{3}}$，$\sin B=\mathbf{\dfrac{4}{7}\sqrt{3}}$

(2)余弦定理より，

$7^2=8^2+c^2-2\cdot8\cdot c\cdot\cos60^\circ$

ゆえに，$\mathbf{c^2-8c+15=0}$

(3) (2)より，$(c-3)(c-5)=0$

よって，$c=3,\ 5$

(i) $c=5$ のとき，b が最大辺なので，B が最大角である。

$\cos B=\dfrac{5^2+7^2-8^2}{2\cdot5\cdot7}>0$

であるから，B は鋭角であり，このことから，A，B，C はいずれも鋭角である。このとき，正弦定理より，

$\dfrac{5}{\sin C}=2R$

よって，$\sin C=\dfrac{5}{14}\sqrt{3}$

また，$S=\dfrac{1}{2}\cdot8\cdot c\cdot\sin60^\circ=10\sqrt{3}$

(ii) $c=3$ のとき，b が最大辺なので，B が最大角である。

$\cos B=\dfrac{3^2+7^2-8^2}{2\cdot3\cdot7}<0$

より，B は鈍角である。

このとき，正弦定理より，

$\dfrac{3}{\sin C}=2R$

よって，$\sin C=\dfrac{3}{14}\sqrt{3}$

また，$S=\dfrac{1}{2}\cdot8\cdot c\cdot\sin60^\circ=6\sqrt{3}$

(i)，(ii)より，

(i)鋭角三角形のとき，

$\mathbf{c=5,\ \sin C=\dfrac{5}{14}\sqrt{3},\ S=10\sqrt{3}}$

(ii)鈍角三角形のとき，

$\mathbf{c=3,\ \sin C=\dfrac{3}{14}\sqrt{3},\ S=6\sqrt{3}}$

139 (1) $\mathrm{BD}=x$，$\angle\mathrm{A}=\theta$

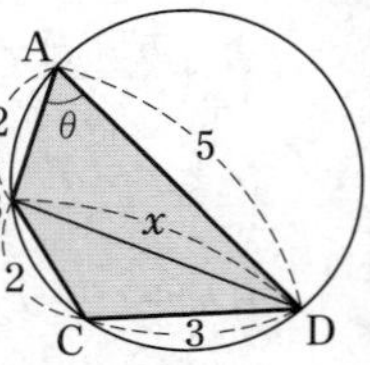

とすると，

△ABD について，

$x^2=2^2+5^2-2\cdot2\cdot5\cdot\cos\theta$

$x^2=29-20\cos\theta$ ……①

△BCD について，

$x^2=2^2+3^2-2\cdot2\cdot3\cdot\cos(180^\circ-\theta)$

$x^2=13+12\cos\theta$ ……②

①×3＋②×5 より，

$3x^2=87-60\cos\theta$

$+)\ 5x^2=65+60\cos\theta$

$8x^2=152$

$x^2=19$

よって，$x=\sqrt{19}$

すなわち，$\mathrm{BD}=\mathbf{\sqrt{19}}$

(2)①－② より，$32\cos\theta=16$　$\cos\theta=\dfrac{1}{2}$

よって，$\theta=60^\circ$ より，$\sin\theta=\dfrac{\sqrt{3}}{2}$

四角形 ABCD＝△ABD＋△BCD

$=\dfrac{1}{2}\cdot2\cdot5\cdot\sin\theta+\dfrac{1}{2}\cdot2\cdot3\cdot\sin(180^\circ-\theta)$

$=5\sin\theta+3\sin\theta=8\sin\theta=\mathbf{4\sqrt{3}}$

☑注意

△ABC の面積については，次のヘロンの公式を利用してもよい。

$s=\dfrac{a+b+c}{2}$ とすると，

$\mathbf{\triangle ABC=\sqrt{s(s-a)(s-b)(s-c)}}$

36 空間図形への利用

(p.72～73)

140 (1)右の図より，

$\mathrm{OM}=a\cos30^\circ$

$=\mathbf{\dfrac{\sqrt{3}}{2}a}$

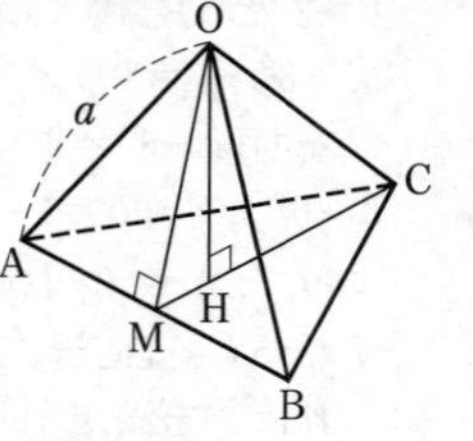

(2)右の図で，O から△ABC へ垂線 OH を下ろす。点 H は，MC 上にあり，

△ABC の重心である。
よって,

$\mathrm{MH}=\dfrac{1}{3}\mathrm{MC}=\dfrac{1}{3}\mathrm{OM}=\dfrac{\sqrt{3}}{6}a$

△OMH において,

$\mathrm{OH}=\sqrt{\mathrm{OM}^2-\mathrm{MH}^2}=\boldsymbol{\dfrac{\sqrt{6}}{3}a}$

(3) $\dfrac{1}{3}\cdot\triangle\mathrm{ABC}\cdot\mathrm{OH}=\dfrac{1}{3}\cdot\dfrac{\sqrt{3}}{4}a^2\cdot\dfrac{\sqrt{6}}{3}a=\boldsymbol{\dfrac{\sqrt{2}}{12}a^3}$

(4) $\cos\theta=\dfrac{\mathrm{MH}}{\mathrm{OM}}=\boldsymbol{\dfrac{1}{3}}$

(5)正四面体は，底面が 1 辺 a の正三角形で，高さが r の三角錐が 4 つ集まったものだから,

$4\cdot\dfrac{1}{3}\cdot\dfrac{\sqrt{3}}{4}a^2\cdot r=\dfrac{\sqrt{2}}{12}a^3$

よって，$r=\boldsymbol{\dfrac{\sqrt{6}}{12}a}$

141 (1) $\mathrm{DE}=\sqrt{2^2+1^2}=\boldsymbol{\sqrt{5}}$ ……①

$\mathrm{BD}=\sqrt{2^2+4^2}=\boldsymbol{2\sqrt{5}}$ ……②

$\mathrm{BE}=\sqrt{1^2+4^2}=\boldsymbol{\sqrt{17}}$ ……③

(2)余弦定理より,

$\cos\angle\mathrm{BDE}=\dfrac{(2\sqrt{5})^2+(\sqrt{5})^2-(\sqrt{17})^2}{2\cdot2\sqrt{5}\cdot\sqrt{5}}$

$=\boldsymbol{\dfrac{2}{5}}$ ……④

また,

$\sin\angle\mathrm{BDE}=\sqrt{1-(\cos\angle\mathrm{BDE})^2}$

$=\sqrt{1-\left(\dfrac{2}{5}\right)^2}$

$=\boldsymbol{\dfrac{\sqrt{21}}{5}}$ ……⑤

(3) $\dfrac{1}{2}\cdot2\sqrt{5}\cdot\sqrt{5}\cdot\sin\angle\mathrm{BDE}=\boldsymbol{\sqrt{21}}$ ……⑥

(4)三角錐 ABDE の体積を V とすると,

$V=\dfrac{1}{3}\times\triangle\mathrm{ABD}\times1=\boldsymbol{\dfrac{4}{3}}$ ……⑦

一方で,

$V=\dfrac{1}{3}\times\triangle\mathrm{BDE}\times\mathrm{AK}=\dfrac{\sqrt{21}}{3}\mathrm{AK}$ より,

$\dfrac{\sqrt{21}}{3}\mathrm{AK}=\dfrac{4}{3}$

よって，$\mathrm{AK}=\boldsymbol{\dfrac{4}{21}\sqrt{21}}$ ……⑧

142 (1)右の図において，母線の長さは $\sqrt{h^2+r^2}$ であるから,

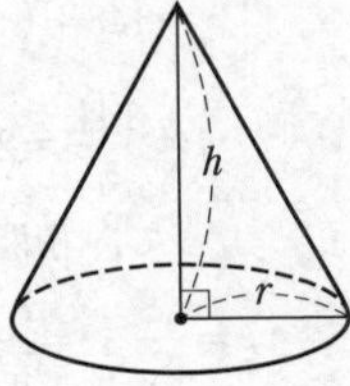

$S=\pi r^2$

$\quad+\pi(\sqrt{h^2+r^2})^2\cdot\dfrac{2\pi r}{2\pi\sqrt{h^2+r^2}}$

$=\boldsymbol{\pi r^2+\pi r\sqrt{h^2+r^2}}$

(2) $A=\pi r^2+\pi r\sqrt{h^2+r^2}$

$A-\pi r^2=\pi r\sqrt{h^2+r^2}$

両辺を 2 乗して,

$A^2-2\pi r^2A+\pi^2r^4$

$=\pi^2r^2(h^2+r^2)$

$\pi^2r^2h^2=A(A-2\pi r^2)$

よって，$r^2h^2=\dfrac{A}{\pi}\left(\dfrac{A}{\pi}-2r^2\right)$

ここで，$\dfrac{A}{\pi}=t$ とおくと,

$r^2h^2=t(t-2r^2)$ ……①

一方，$V=\dfrac{1}{3}\cdot\pi r^2\cdot h=\dfrac{1}{3}\pi r^2h$

であるから，①を代入すると,

$V=\dfrac{\pi}{3}r^2h=\dfrac{\pi}{3}\sqrt{r^4h^2}=\dfrac{\pi}{3}\sqrt{r^2(r^2h^2)}$

$=\dfrac{\pi}{3}\sqrt{r^2t(t-2r^2)}=\dfrac{\pi}{3}\sqrt{t(-2r^4+tr^2)}$

$=\dfrac{\pi}{3}\sqrt{t\left\{-2\left(r^2-\dfrac{t}{4}\right)^2+\dfrac{t^2}{8}\right\}}$

よって，$r^2=\dfrac{t}{4}$ のとき,

V は最大値 $\dfrac{\pi}{3}\sqrt{t\cdot\dfrac{t^2}{8}}=\dfrac{\pi}{3}\sqrt{\dfrac{t^3}{8}}$

$=\dfrac{\pi}{12}\sqrt{2t^3}$

$=\dfrac{\pi}{12}\sqrt{2\cdot\dfrac{A^3}{\pi^3}}$

$=\boldsymbol{\dfrac{A}{12}\sqrt{\dfrac{2A}{\pi}}}$ をとる。

また，このときの r は，$r=\dfrac{\sqrt{t}}{2}=\dfrac{\sqrt{\pi A}}{2\pi}$

h は，①より，$r^2=\dfrac{\pi A}{4\pi^2}$ を代入して，$h^2=\dfrac{2A}{\pi}$

よって，$h=\dfrac{\sqrt{2\pi A}}{\pi}$

第 5 章 データの分析

37 分散と標準偏差 (p.74 ~ 75)

143 平均値 $\overline{x}$ と分散 s^2 をそれぞれ求めると,

$\overline{x}=\dfrac{a\cdot2n+b\cdot n}{3n}=\dfrac{2a+b}{3}$

$s^2=\dfrac{2n\cdot\left(a-\dfrac{2a+b}{3}\right)^2+n\cdot\left(b-\dfrac{2a+b}{3}\right)^2}{3n}$

$=\dfrac{2\left(\dfrac{a-b}{3}\right)^2+\left(\dfrac{2b-2a}{3}\right)^2}{3}$

$=\dfrac{2}{9}(b-a)^2$

$a<b$ より，$b-a>0$，これと $s>0$ とあわせて，

$s=\dfrac{\sqrt{2}}{3}(b-a)$

a 点，b 点をとった学生の偏差値をそれぞれ t_a，t_b とすると，

$$t_a=50+10\cdot\frac{a-\dfrac{2a+b}{3}}{\dfrac{\sqrt{2}}{3}(b-a)}=50+\frac{10(a-b)}{\sqrt{2}(b-a)}$$

$=50-5\sqrt{2}$

$$t_b=50+10\cdot\frac{b-\dfrac{2a+b}{3}}{\dfrac{\sqrt{2}}{3}(b-a)}=50+\frac{10\cdot2(b-a)}{\sqrt{2}(b-a)}$$

$=50+10\sqrt{2}$

よって，a 点をとった学生の偏差値は，$\mathbf{50-5\sqrt{2}}$

b 点をとった学生の偏差値は，$\mathbf{50+10\sqrt{2}}$

144 (1) $M=\dfrac{45.0+43.0}{2}=\mathbf{44.0}$ ……①②，③

右手の握力のMからの偏差の 2 乗の和は，

第 1 グループでは，

$(50-44)^2+(52-44)^2+(46-44)^2+(42-44)^2$
$+(43-44)^2+(35-44)^2+(48-44)^2$
$+(47-44)^2+(50-44)^2+(37-44)^2$
$=36+64+4+4+1+81+16+9+36+49$
$=\mathbf{300}$ ……④⑤⑥

であるから，全体の標準偏差Sは，

$S=\sqrt{\dfrac{300+420}{20}}=\sqrt{36}=\mathbf{6.0}$ ……⑦，⑧

(2) $t=1$ のとき，

$M-S=44.0-6.0=38.0$

$M+S=44.0+6.0=50.0$

であるから，$38.0<x<50.0$ を満たすデータは，番号の小さい方から順に，46，42，43，48，47，48，42，49，39，45，45，47 の 12 個である。

よって，$N(1)=\mathbf{12}$ ……⑨⑩

$t=2$ のとき，

$M-2S=44.0-2\times6.0=32.0$

$M+2S=44.0+2\times6.0=56.0$

であるから，$32.0<y<56.0$ を満たすデータは，11 番の生徒以外のすべてのデータである。

よって，$N(2)=\mathbf{19}$ ……⑪⑫

(3) 右手の握力の平均値が 43.0 kg，左手の握力の平均値が C kg，左右の握力の平均値が 41.25 kg であるから，$\dfrac{43+C}{2}=41.25$

これより，$C=\mathbf{39.5}$(kg) ……⑬⑭，⑮

また，$C=39.5$ より，

$$\frac{34+31+44+38+45+\mathrm{A}+33+41+\mathrm{B}+42}{10}=39.5$$

$\mathrm{A}+\mathrm{B}+308=395$

$\mathrm{A}+\mathrm{B}=87$ ……(＊)

さらに，第 2 グループの左手の握力の A，B 以外のデータを小さい方から順に並べると，

31，33，34，38，41，42，44，45

ここで，A，B がともに 40 以下の場合，中央値は 40 以下となるので不適。

A>B であり，中央値が 40.5 kg で，$\mathrm{A}+\mathrm{B}=87$ であることを考えると，

$\mathrm{B}=\mathbf{40}$ ……⑯⑰

A は 41 以上

このとき，(＊)より，

$\mathrm{A}=\mathbf{47}$ ……⑱⑲

となり，題意に適する。

☑ **注意**

31，33，34，B，38，A，41，42，44，45 だと，

中央値は，$\dfrac{38+\mathrm{A}}{2}<40$ となってしまう。

38 データの相関 (p.76 ~ 77)

145 (1) 1 回目の数学のテストでのⅠ班の平均値は

$\dfrac{40+63+59+35+43}{5}=\dfrac{240}{5}=\mathbf{48.0}$ ……①②，③

また，クラス全体の平均値から，

$\dfrac{240+(\mathrm{A}+51+57+32+34)}{10}=45.0$

$\mathrm{A}+414=450$

$\mathrm{A}=\mathbf{36}$(点) ……④⑤

(2) Ⅱ班の 1 回目の数学の得点を x，英語の得点を y とすると，$S_x=S_y=\sqrt{101.2}$

ここで，

$\bar{x}=\dfrac{36+51+57+32+34}{5}=\dfrac{210}{5}=42.0$

$\bar{y}=\dfrac{48+46+71+65+50}{5}=\dfrac{280}{5}=56.0$

であるから，共分散 S_{xy} は，

$S_{xy}=\{(36-42)(48-56)+(51-42)(46-56)$
$+(57-42)(71-56)+(32-42)(65-56)$
$+(34-42)(50-56)\}\times\dfrac{1}{5}$

$=\{48+(-90)+225+(-90)+48\}\times\dfrac{1}{5}$

$=\dfrac{141}{5}=28.2$

よって，相関係数 r は，

$r=\dfrac{S_{xy}}{S_xS_y}=\dfrac{28.2}{\sqrt{101.2}\cdot\sqrt{101.2}}$

$=\dfrac{28.2}{101.2}$

$=0.2786\cdots$

$\fallingdotseq$ **0.28** ……⑥，⑦⑧

☑注意

共分散 S_{xy} は，

$\dfrac{1}{5}\{(x_1-\overline{x})(y_1-\overline{y})+\cdots\cdots+(x_5-\overline{x})(y_5-\overline{y})\}$

で求められる。その際，表にして整理すると計算しやすい。

番号	x	$x-\overline{x}$	y	$y-\overline{y}$	$(x-\overline{x})(y-\overline{y})$
1	36	−6	48	−8	48
2	51	9	46	−10	−90
3	57	15	71	15	225
4	32	−10	65	9	−90
5	34	−8	50	−6	48
計	210	0	280	0	141

(3) 1回目の英語の得点を，B以外を小さい方から順に並べると，

36，43，46，48，50，55，64，65，71

(i) B≦48 の場合，

中央値は $\dfrac{48+50}{2}=49$(点)の1通り。

(ii) 49≦B≦54 の場合，中央値は $\dfrac{B+50}{2}$(点)

ここで，$B=49,\ 50,\ \cdots\cdots,\ 54$ の6通りの可能性があるので，中央値も6通りの値をとる。

(iii) 55≦B の場合，

中央値は $\dfrac{50+55}{2}=52.5$(点) の1通り。

(i)〜(iii)より，中央値Mの値として**8**通りの値があり得ることになる。……⑨

E=54.0 の場合，

$\dfrac{43+55+B+64+36+48+46+71+65+50}{10}=54.0$

$\dfrac{478+B}{10}=54.0$

$478+B=540$

$B=$ **62** ……⑩⑪

このとき中央値は，

$M=\dfrac{50+55}{2}=$ **52.5** ……⑫⑬，⑭

(4) 2回目の数学について

Ⅰ班の平均値は，$\dfrac{60+61+56+60+C}{5}=\dfrac{237+C}{5}$

Ⅱ班の平均値は，$\dfrac{D+54+59+49+57}{5}=\dfrac{219+D}{5}$

これより，$\dfrac{237+C}{5}-\dfrac{219+D}{5}=4.6$

$C-D=$ **5** ……⑮

(5)与えられたデータから散布図を作成すると，

1回目のクラス全体の数学と英語の得点の散布図は**ア** ……⑯

2回目のクラス全体の数学と英語の得点の散布図は**イ** ……⑰

のようになる。

ここで，それぞれの相関係数を r_1，r_2 とするとき，**ア**と**イ**の散布図から，$0<r_1<r_2$ であることが分かる。

よって，[⑱]には**ウ**が当てはまる。……⑱

☑注意

散布図では，データの分布が直線状に近いほど相関関係が強く相関係数の絶対値も大きい。

(ただし，$-1\leqq r\leqq 1$)

39 仮説検定 (p.78 ~ 79)

146 回答のデータより，

(i)「以前よりもよく眠れた」と評価されると判断するために，

(ii)「アンケートに回答した人がまったくの偶然で『以前よりもよく眠れた』と回答した」と帰無仮説を立てると，

表より24枚以上表が出たのは，1000セットのうち

2+1=3(セット)

相対度数は，$\dfrac{3}{1000}=0.003$

よって，30人中24人以上が偶然で「以前よりもよく眠れた」と回答する確率は0.003程度で，きわめてまれなことである。

したがって，(ii)の仮説は棄却される。

よって，(i)の「以前よりもよく眠れた」と評価する判断は正しい。

147 「A，Bの実力は同等」という仮説をたてる。Bが9勝する確率は，コインを12回投げたとき，9回以上表が出ることに対応していると考えられる。

度数分布表から，12回中9回以上表が出るとき，その相対度数は，

$0.057+0.014+0.001+0.000=0.072$

よって，Bが9勝する確率は，

$0.072\times100=7.2$(%)

と考えることができる。したがって，基準となる5%よりも大きいので，「A，Bの実力は同等」という仮説が間違っているとは言えない。つまり，「Bの実力が上」とは言えない。

☆23